新质生产力下的AIGC
辅助设计系列教材

U0749432

生成式
人工智能
基础与应用

罗　宁◎主编

清华大学出版社
北京

内 容 简 介

本书是一本介绍生成式人工智能（AIGC）技术及应用的通识教程。本书精心设计了8章内容，从基础知识到实战应用，层层递进，进行了详尽阐述。书中覆盖基础知识及6大应用场景，包括文案创作、高效处理办公事务、创作图形图像、音频优化合成、生成短视频、代码编写等。本书旨在帮助读者快速掌握AIGC的核心技能，提升办公效率与创意表达能力。

本书既可以作为广大读者提升个人生成式人工智能素养的学习资料，也可以作为高等院校相关专业和社会培训机构的首选教材。

图书在版编目（CIP）数据

生成式人工智能基础与应用 / 罗宁主编. -- 北京 : 清华大学出版社, 2025. 7.
(新质生产力下的AIGC辅助设计系列教材). -- ISBN 978-7-302-69439-7

Ⅰ. TP18

中国国家版本馆CIP数据核字第2025TT0522号

责任编辑：李玉茹
封面设计：李　坤
责任校对：李玉萍
责任印制：杨　艳

出版发行：清华大学出版社
　　　　　网　　　址：https://www.tup.com.cn，https://www.wqxuetang.com
　　　　　地　　　址：北京清华大学学研大厦A座　　　　邮　　编：100084
　　　　　社 总 机：010-83470000　　　　　　　　　　邮　　购：010-62786544
　　　　　投稿与读者服务：010-62776969，c-service@tup.tsinghua.edu.cn
　　　　　质 量 反 馈：010-62772015，zhiliang@tup.tsinghua.edu.cn
　　　　　课 件 下 载：https://www.tup.com.cn，010-62791865
印 装 者：三河市人民印务有限公司
经　　销：全国新华书店
开　　本：185mm×260mm　　　**印　张：**14.25　　　**字　数：**347千字
版　　次：2025年7月第1版　　　　　　　　　　　　　**印　次：**2025年7月第1次印刷
定　　价：59.80元

产品编号：112403-01

前言

现如今，人工智能（AI）技术已经从一个科幻概念逐渐走进人们的日常生活，成为人们在生活、工作和学习中的重要组成部分。随着AIGC（生成式人工智能）技术的迅猛发展，AI不再局限于完成特定任务，它已经能够根据输入的指令自动生成文本、图像、音频、视频乃至代码，为人们带来了前所未有的便利性和可能性。

然而，尽管AIGC在许多领域都展现出了巨大的潜力和价值，它仍然是一个相对新兴的技术，许多读者对该技术还是一知半解，只知有这么一种技术，但如何用它来提高生成效率就不得而知了。而本书的诞生，正是为了帮助读者解决这一问题。

本书的目标是为读者提供一个关于生成式人工智能的全面框架，帮助读者了解AIGC的核心技术。从最初的AIGC基础概念，到AIGC技术的应用技巧，让读者学会如何高效地与AI互动，以提升工作和创作的效率。

通过本书，你将会学到以下知识。

- 如何通过提示词优化与AI的互动，使生成内容更加符合需求。
- 在文案创作中，如何利用AI生成创意并提升写作效率。
- 如何借助AIGC实现高效办公，简化工作流程。
- AIGC如何在图像、音频与视频生成方面展现出强大的创作能力。
- 如何利用AIGC自动编写代码，提升开发效率。

无论你是AI技术的入门读者，还是希望提升创作和工作效率的专业人士，相信本书都能成为你走进AIGC世界的指南。在未来，AIGC技术必将成为人们工作与生活中的重要伙伴，每个人都需要掌握与AI共存的技能。

本书特色

本书编者致力于打造一本知识适度、技能实用、交互性强、AI赋能的生成式人工智能通识读物，在内容编排上采用了"跟我做 + 一起学 + 自己练"这种结构，帮助读者快速掌握AIGC的核心知识和技能，并将其应用于实际工作、学习和生活中。

（1）带着疑问学习，提升效率。本书针对各场景，先对实操案例进行解析，然后再对案例中的重点工具进行深入讲解。让读者带着问题去学习相关的理论知识，从而有效提升学习效率。

（2）理论结合实操，实用性强。书中的每个AIGC应用领域都安排了相应的理论知识，如AIGC工具的使用方式、使用场景等，并通过大量的小练习，让读者充分了解AIGC在该领域中的应用，目标是在学习过程中能够从实际出发，做到学以致用。

（3）资源丰富，配套齐全。为了满足读者的不同需求和多样化的学习方式，本书提供了丰富的配套资源和平台，包括素材文件、学习视频、教学课件等。这些资源方便读者根据自己的需求和兴趣选择适合的学习方式和节奏，从而提升学习效果和学习体验。

内容概述

本书内容涵盖了人工智能的基本概念和基础知识，以及各类AIGC工具的应用场景与操作方法等多个方面。从文本生成、图像制作到数字音频编辑、短视频创作，再到代码编写等前沿领域，本书均作了详尽的介绍。下表为各章节的内容介绍。

章	章 名	主要内容	课时安排
第1章	导读：人工智能与AIGC概述	主要介绍人工智能与AIGC的基础概念与发展背景、人工智能的核心技术、大模型基础知识以及AIGC内容生成基础等内容	2课时
第2章	与AI互动：提示词与优化技巧	主要介绍提示词的概念、类型、常见误区、使用原则以及优化方法等内容	4课时
第3章	文案创作：AIGC助力文案创作	主要介绍文案的特点、种类、AIGC写作流程及常见写作工具等内容	4课时
第4章	高效办公：AIGC助力Office办公	主要介绍AI写作原理、数据处理的概念和步骤、AI在数据处理中的应用场景、PPT制作需求、利用AI技术解决PPT制作痛点、利用AI制作PPT的应用场景等内容	4课时
第5章	图形图像：AIGC助力图像生成	主要介绍常用AIGC图像生成工具、AIGC图像生成的特点与种类、图像生成的构思过程、图像的智能化处理等内容	4课时
第6章	音频合成：AIGC助力声音生成	主要介绍音频的基本概念、常用AI音频工具、AIGC语音合成、AIGC音乐生成及AIGC音频处理的方法等内容	4课时
第7章	短视频：AIGC助力视频生成	主要介绍视频创作常用的AIGC工具、视频拍摄常用术语、视频后期制作常用术语、常见的视频格式、AI生成视频的应用场景等内容	4课时
第8章	代码编写：AIGC助力代码生成	主要介绍代码概念、常用编程语言、编程语言的核心要素、配置开发环境、AIGC在代码中的应用等内容	4课时

本书由罗宁编写。由于时间仓促和编者水平有限，书中难免存在不足之处，望广大读者批评指正。感谢本书中所使用的AIGC工具的开发者与经营者，他们为推动我国人工智能领域的发展，提升国民在生成式人工智能技术方面的素养和应用能力，提供了宝贵的支持和帮助。

希望本书能为你揭开生成式人工智能的神秘面纱，帮助你在这一科技革命中找到属于自己的位置。

实例文件

视频

课件、教案

编　者

目录

第 1 章　导读：人工智能与 AIGC 概述

AIGC

第2章　与 AI 互动：提示词与优化技巧

第3章　文案创作：AIGC 助力文案创作

第4章

高效办公：
AIGC 助力 Office 办公

第 **5** 章

图形图像：
AIGC 助力图像生成

AIGC

跟我做

绘制"森林守护者"儿童绘本 ············· 108

一起学

5.1 常用AIGC图像生成工具 ············· 113

5.2 AIGC图像生成的特点 ············· 114

5.3 AIGC图像生成的种类 ············· 114

5.4 图像生成的构思过程 ············· 116

5.5 图像的智能优化处理 ············· 118

自己练

第**6**章

音频合成：
AIGC 助力声音生成

AIGC

跟我做

制作情感故事播客节目 ·· 133

一起学

自己练

第7章

短视频：
AIGC 助力视频生成

跟我做

一起学

自己练

第8章 代码编写：AIGC 助力代码生成

第1章

导读：
人工智能与AIGC概述

内容导读

人工智能技术的飞速发展催生了AIGC（生成式人工智能）技术，推动内容创作进入智能化时代。从文本到多媒体，AIGC正在重塑各行业的生产方式。本章将围绕人工智能和AIGC技术的相关知识点展开，帮助读者构建AIGC的基本认知，为后续探索奠定基础。

要点与难点

- 人工智能与AIGC的概念
- 大模型与AIGC
- AIGC内容生成基础

1.1　基础概念与发展背景

　　随着科技的飞速发展，人工智能技术已从科幻走进现实，并广泛应用于医疗、金融、教育等领域。而在人工智能技术发展的进程中，AIGC作为一种新兴技术，正逐步成为内容创作的重要工具。本节将对人工智能与AIGC技术的概念及发展历程进行简单介绍。

1.1.1　人工智能的定义与分类

　　人工智能（Artificial Intelligence，AI）是一种利用计算机程序来模仿人类思维和行为的技术。简单来说，人工智能让机器能够像人一样感知环境、学习新知识、进行逻辑推理和做出决策。比如，当人们使用语音助手时，它能听懂人类发出的指令并给出相应的反馈，这就是人工智能在发挥作用，使机器能够理解和处理人类的语言。

　　人工智能就是一种技术，试图模仿甚至超越人类的智慧。它可以帮助人类解决问题、提供建议，甚至进行艺术创作，比如写文章、作曲或者绘画。如今，人工智能已经被广泛应用在生活的各个方面，使人类的生活更加便捷、高效。图1-1所示为人工智能示意图。

图 1-1

　　人工智能的种类可大致分为以下3类。

1. 按智能程度分类

　　根据智能程度的不同，人工智能可分为弱人工智能、强人工智能和超级人工智能3种。

- **弱人工智能**：专注于解决某一类特定的问题，如图像识别、语音助手等。例如，手机上使用的面部解锁技术就是一种轻人工智能。因为它只专门用于识别人脸，并不能完成其他任务。
- **强人工智能**：这类人工智能拥有和人类一样广泛的认知和学习能力，能够处理多种复杂任务。但目前处于理论和研究阶段，并没有实际应用。
- **超级人工智能**：这类人工智能的目标是既能模拟人类思维，又能在很多领域超越人类。目前仅处于设想中。

2. 按应用领域分类

根据应用领域的不同，人工智能大致可分为医疗健康、教育培训、金融评估、交通管理等几个领域。

- **医疗健康**：包括医学影像分析（如识别CT、X光片中的病变）、智能诊断（如辅助医生预测疾病）、药物研发（参与新药发明）等。例如，AI技术已被用于帮助医生检测肺炎、癌症等疾病，以提高诊断的准确性和效率。
- **教育培训**：包括智能批改作业（如自动批改英语作文）、个性化学习推荐（根据学生的学习情况推荐适合的学习资料）、智能教学助手（如口语陪练、作业辅导）等。例如，学而思、作业帮等教育平台都在利用AI技术提供个性化学习服务。
- **金融评估**：包括智能风控（如银行使用AI评估贷款人的信用）、智能投顾（AI帮助投资者优化投资策略）、反欺诈系统（检测可疑交易行为）等。例如，支付宝、银行信用评估系统都在使用AI进行风险预测和决策。
- **交通管理**：较为典型的应用是自动驾驶（如特斯拉的自动驾驶系统）、智能交通管理（利用AI优化红绿灯调控，减少拥堵）、无人驾驶出租车和物流车等。例如，百度Apollo、Waymo等公司都在推进无人驾驶技术的落地应用。

3. 按技术方法分类

根据技术方法的不同，人工智能可分为规则基础AI、机器学习和深度学习3类。

- **规则基础AI**：需要人类提前写好规则，按照固定的逻辑运行。例如，下棋AI会将所有可能的走法罗列出来，然后一步步计算最优解。这类AI适用于任务明确且固定的情境，但灵活性较差。
- **机器学习**：通过学习数据发现规律，不依赖于人类设定的规则，能够处理复杂问题，例如推荐算法和语音识别等。
- **深度学习**：这是机器学习的一种进阶方式，它通过"神经网络"模仿人脑的工作方式。这类AI能处理更为复杂的任务，如图像识别。

1.1.2 人工智能的发展历程

人工智能的发展经历了多个阶段，从最初的理论构想到如今的深度学习和大模型应用，每个阶段都有重要的技术突破和应用变革。图1-2所示为人工智能的发展历程示意图。

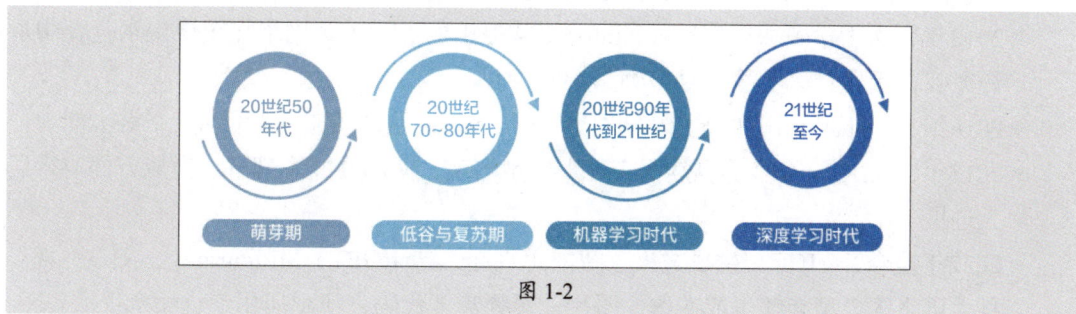

图 1-2

1. 萌芽期（20世纪50年代）：提出人工智能概念

- 1950年，英国数学家图灵（Alan Turing）提出了著名的"图灵测试"，并将其作为衡量机器是否具有智能的标准。
- 1956年，在美国达特茅斯会议上，约翰·麦卡锡（John McCarthy）等科学家正式提出"人工智能"这个名词。这标志着人工智能作为一个研究领域正式诞生。

这一阶段主要以符号逻辑推理为主，研究者希望通过人工编写规则，让计算机像人类一样推理和解决问题。但由于计算能力有限，AI发展受到了阻碍。

2. 低谷与复苏期（20世纪70年代到80年代）：专家系统崛起

- 1973—1974年，由于早期AI研究过于依赖规则编程，无法应对复杂任务，AI研究进入低谷。
- 1980年，专家系统兴起，这是一种基于知识库和推理规则的AI系统，可以在特定领域内做出类似专家的决策。例如，MYCIN（医学诊断专家系统）和XCON（计算机配置系统）在医学和工业领域都获得了一定成功。
- 1987年，由于专家系统依赖大量人工编写规则，维护成本高且难以扩展，同时计算能力有限，难以应对更复杂的任务，专家系统开始遭遇瓶颈。
- 1988—1990年，因计算机硬件发展未能满足AI需求，专家系统的商业化热潮降温，投资减少，许多AI研究项目被缩减或终止，导致AI再次进入低谷。

这一阶段，AI技术发展速度缓慢，经历了两次低谷期。但专家系统的兴起，推动了AI迈向数据驱动和学习能力增强的新方向。

3. 机器学习时代（20世纪90年代到21世纪）：数据驱动AI崛起

- 1990—1995年，是机器学习发展的关键时期。研究者开始探索让AI通过数据学习，而不是仅靠人工编写规则。
- 1997年，IBM"深蓝"超级计算机战胜国际象棋世界冠军卡斯帕罗夫，标志着AI在特定任务上超越人类。
- 2000年，互联网兴起，大数据和计算能力的提升推动了AI发展，统计学习和支持向量机（SVM）等技术广泛应用。AI逐步走向实用化，如搜索引擎、语音识别等。

这一阶段是人工智能从规则驱动向数据驱动转变的关键时期，为深度学习时代的到来奠定了基础。

4. 深度学习时代（21世纪至今）：AI进入高速发展期

- 2012年，深度学习取得突破，Hinton团队提出的卷积神经网络在图像识别竞赛中取得突破，标志着深度学习的成功。
- 2016年，AlphaGo击败世界围棋冠军李世石，证明了AI在复杂决策任务上的强大能力。
- 2018年，BERT、GPT等自然语言处理模型出现，使AI在文本理解、生成方面取得巨大进展。
- 2022年至今，AIGC（生成式人工智能）兴起，ChatGPT、Midjourney、文心一言、科大讯飞等模型能够生成文本、图片、音频甚至代码，使AI应用走进大众生活。

这一阶段，计算机性能大幅提升，加上互联网的普及带来了海量数据，成为推动AI飞速发展的两大引擎，使AI技术终于迎来了高光时刻。

1.1.3 AIGC的概念与特点

AIGC是一种通过人工智能自动生成内容的技术。它主要依靠深度学习、自然语言处理、计算机视觉等AI技术，创造文本、图片、音频、视频等多种形式的内容。

AIGC技术的主要特点如下。

- **自动化生成**：AIGC可以根据给定的输入（如关键词、图片、声音等）自动生成符合需求的内容，减少了人工创作的工作量。
- **多模态生成**：AIGC不仅可以生成文本，还可以生成图片、音频、视频等多种形式的内容，具备跨模态的能力。
- **智能化创作**：通过不断学习和优化，AIGC可以生成富有创意、个性化的内容，甚至可以模仿特定风格或创作方法。

人工智能是一个广义的技术领域，AIGC是人工智能技术的一个具体应用。二者之间既有紧密的联系，又有各自的特点。人工智能为AIGC提供底层技术的支持，AIGC则利用这些技术来解决内容生成问题的具体方式。

虽然AIGC依托于人工智能技术，但二者在应用范围和目标方向上存在明显的差异。

1. 应用范围不同

人工智能是一个涵盖广泛的技术领域，其应用包括医疗诊断、自动驾驶、智能客服、语言翻译、数据分析等多个方面。它的核心目标是通过算法和计算能力，模拟、增强甚至超越人类的认知和决策能力。而AIGC是人工智能技术的一个子领域，专注于内容生成，如文字、图像、音频、视频等创意型内容的自动化生产。可以说，AIGC是人工智能在内容创作领域的具体体现。

2. 目标导向不同

人工智能的主要目标是模拟智能行为，通过学习和推理解决问题。例如，在金融领域，它可以分析市场数据并预测趋势。而AIGC的目标更偏向于创造力，旨在生成具有艺术性和实用性的内容，例如撰写文章、绘制图像或制作音乐，满足人类对创意和表达的需求。

3. 技术侧重点不同

人工智能的技术范围更广，涵盖监督学习、强化学习、自然语言处理、图像识别等多个方向。而AIGC主要依赖生成类技术，例如生成对抗网络和基于Transformer的模型（如GPT、DALL-E）。AIGC的技术重点是如何生成高质量、创新性强的内容，而不是仅仅完成数据处理或分析。

4. 应用体验的差异

人工智能的许多应用更注重结果的准确性和效率。例如，提升自动驾驶的安全性或改进金融预测的可靠性。而AIGC更注重用户体验，强调生成内容的美观性、逻辑性和情感共鸣。例如，一个AIGC工具可以为用户创作独特的品牌文案或设计原创海报，更贴近人类的创意需求。

1.1.4 从人工智能到AIGC

从人工智能到AIGC技术的全面发展，主要经过了5个阶段：人工智能的起点→机器自己学习→机器模仿人脑学习→生成式AI兴起→AIGC技术全面发展，如图1-3所示。

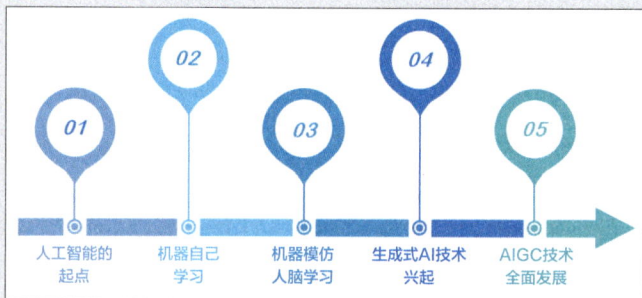

图 1-3

1. 人工智能的起点

最早的人工智能技术比较"死板"，它只能按照设定好的规则执行，这种技术叫做规则驱动式AI。如果规则较多且事情较复杂，那么机器则无法记录下来。于是人们开始研究如何让机器自己学会规则，这就进入第二个阶段。

2. 机器自己学习

让机器自己学习是一种更聪明的人工智能技术，它让机器通过大量的数据训练，自己找出规律。比如，若让机器能识别出小狗的图片，就让它先识别几千张小狗的图片，然后它就能通过耳朵、眼睛、胡须等特征来判断哪些是小狗图。

但机器学习的功能也有局限，它需要进行大量数据训练才能工作，同时还需要人为地给它设定一些规则，告诉它需要关注哪些重要特征，比如"眼睛的形状"或者"耳朵的位置"，这样机器才会逐渐学会。

3. 机器模仿人脑学习

让机器模仿人脑学习（深度学习）是机器学习的一种突破性技术，它会模仿人脑神经元的工作方式（神经网络），让机器自动分析和学习数据中的重要特征。其优势在于，不需要人为给它设定规则，只要有足够的数据，它自己就能总结出来相关规律。这一技术让人工智能开始在语音识别、图像识别、语言翻译等方面变得更强大。

4. 生成式 AI 技术兴起

随着深度学习技术的进一步发展，人工智能开始展现出惊人的能力。它不仅拥有理解能力，还具有一定的创造力。随之，生成式AI技术开始兴起，这是人工智能演进的重要节点。该技术可以根据已有的数据生成全新的数据，比如给出文字提示，机器就能自动生成一篇与之相关的文章；或者给出图像主题，机器就能画出相应的图像等。这些能力的背后是大规模的数据训练和深度学习模型，它们让AI具备了创作的潜力。

5. AIGC 技术全面发展

AIGC是生成式AI的一种具体表现形式，它将人工智能的"创造力"转化为具体的产品和服务。AIGC的诞生标志着AI技术从单纯的辅助工具进化为主动创作的伙伴，并广泛应用于各个领域，比如文章写作、短视频制作、图像设计等。

1.2 人工智能的核心技术

人工智能是一个跨学科的技术领域，涉及计算机科学、数学、神经科学等多个学科。它的发展依赖于一系列核心技术，这些技术相互协作，使人工智能系统具备感知、理解、学习和推理的能力。

1.2.1 机器学习与深度学习

1. 机器学习

机器学习是人工智能的核心技术之一，它使计算机能够通过数据进行学习，而无须明确的编程指令。机器学习的基本原理是利用算法从数据中发现模式，并根据这些模式进行预测或决策。

机器学习有多种学习方式，其中主要是监督学习、无监督学习和强化学习3种，每种方式都有其特定的用途和应用场景。

1）监督学习

利用带标签的数据训练模型，典型算法包括决策树、支持向量机、神经网络等。例如，电子邮件分类系统通过学习已标注的垃圾邮件和正常邮件来识别新的垃圾邮件。

2）无监督学习

利用"无标签"的数据进行训练。模型需要自己发现数据中的隐藏结构或规律，通常用于数据的聚类和降维。例如，有一堆图片，但没有标注类别，AI可以根据颜色、形状等特征把图片分成几类，比如一类是动物，一类是风景。该方式常应用于用户行为分析和异常检测场景。

3）强化学习

通过"奖惩机制"让AI逐步学会最佳策略。它类似于游戏中的不断试错方式，AI通过与环境交互，学习哪些操作可以带来奖励，并避免错误。例如，AlphaGo就是通过强化学习击败人类围棋高手的。它通过不断模拟对局，学习如何从每一步棋中获得胜利的最大可能性。该方式常应用于自动驾驶、游戏AI、资源分配等场景。

2. 深度学习

深度学习是机器学习的一个分支，它通过人工神经网络模拟人脑的工作方式，实现更高级的感知和决策能力。深度学习的主要网络架构包括前馈神经网络（FNN）、卷积神经网络（CNN）、循环神经网络（RNN）以及生成对抗网络（GAN）4种。

1）前馈神经网络

这是最基础的深度学习网络结构，由多个全连接层组成，信息从输入层经过隐藏层传递到输出层，不包含循环和反馈结构。它主要用于分类和回归任务，但在处理复杂数据（如图像、文本）时效果有限。

2）卷积神经网络

它是专为计算机视觉任务设计的，能够有效提取图像特征，广泛应用于人脸识别、目标检测、自动驾驶等领域。

3）循环神经网络

这种架构适用于处理序列数据（如时间序列、语音信号、文本数据），其关键特征是具有记忆能力，可以利用过去的信息影响当前输出，常用于自然语言处理任务中。

4）生成对抗网络

例如GPT模型（用于文本生成）和BERT模型（用于搜索引擎、问答系统），它们极大地提升了自然语言处理的效果，使AI在语言生成和理解方面取得突破。

1.2.2 自然语言处理

自然语言处理让计算机能够理解、生成语言并与人类语言交互，聊天机器人、语音助手（如Siri）和翻译工具（如Google翻译）就是这一技术的典型应用。当用户对语音助手说"明天的天气怎么样"，系统会通过该技术理解问题并返回答案。

1. 常见语言模型

语言模型的主要任务是帮助计算机理解和生成语言。它是通过大量的文本数据训练出来的，用来预测词语之间的关系和上下文的含义。

- **统计语言模型**：基于概率统计，预测一个词出现的概率，如N元语法模型。
- **深度学习语言模型**：能更好地捕捉上下文关系，如LSTM、Transformer等。
- **预训练语言模型**：通过大规模训练获得"语言知识"，在具体任务中能直接应用，如BERT、GPT系列等。

2. 自然语言处理技术

自然语言处理技术已渗透到人们的日常生活中，常见的自然语言处理技术有以下几种。

- **文本分类**：将文本分到预定义的类别中，如垃圾邮件分类、新闻分类等。
- **情感分析**：通过分析语言表达，判断文本作者的情感倾向（如正面、中性或负面），如电商平台的商品评论分析、社交媒体舆情监测等。
- **机器翻译**：将一种语言翻译成另一种语言，如Google翻译、微信翻译、实时语音翻译设备等。
- **语音识别与生成**：将语音转为文字（语音识别）或将文字转为语音（语音生成），如语音助手（Siri、小度）、字幕生成、智能导航。
- **自动问答**：让机器回答用户提出的问题，如搜索引擎的智能问答、客户服务机器人。
- **信息抽取**：从非结构化文本中提取出有用的信息，如新闻摘要生成、金融数据提取、知识图谱构建等。

- **文本生成**：让机器根据输入生成符合逻辑和语法的文本内容，如文章写作辅助、代码生成、对话生成等。

3. 自然语言处理流程

自然语言处理流程可概括为：文本预处理→语言表示→特征提取→模型训练→模型预测→模型评估→应用部署。

- **文本预处理**：将原始文本数据整理为机器能处理的形式。
- **语言表示**：将文本转化为机器可以理解的数字形式，同时还要考虑语言中的含义和上下文。
- **特征提取**：从文本中提取出对解决问题最有用的信息（特征）。
- **模型训练**：利用处理好的数据，选择合适的算法和模型进行训练，让机器学习如何理解和生成语言。
- **模型预测**：通过训练好的模型，对新的输入文本进行预测或生成结果。
- **模型评估**：检查模型的性能，判断它是否达到预期效果，并根据需要进行优化。
- **应用部署**：将训练好的模型部署到实际应用场景中，比如聊天机器人、翻译系统等。

1.2.3 计算机视觉与语音处理

1. 计算机视觉

计算机视觉技术赋予机器"看"的能力，使其能够分析和理解图像或视频内容。比如，人脸识别系统通过计算机视觉，能够快速识别人的面部特征。无人驾驶汽车也是依靠计算机视觉技术来感知道路、行人和交通信号。

计算机视觉核心技术包含图像分类、目标检测、图像分割、图像生成以及视频分析这几种。

- **图像分类**：计算机视觉中最基础的任务之一，目标是将一张图片分到预定义的类别中。传统算法需要人工提取特征，比如边缘检测、纹理分析等，效果有限。而深度学习可以自动提取图片的高级特征，比如颜色、形状、纹理、背景等，分类效果大幅提升。
- **目标检测**：在图片或视频中，深度学习可以捕捉物体的形状、纹理和空间关系等复杂信息，从而更精准地检测目标。
- **图像分割**：图像分割是比目标检测更精细的任务，不仅要找到物体的位置，还要将物体从背景中精确地分割出来。传统方法只能粗略地识别目标边界，而深度学习可以进行像素级别的分割。
- **图像生成**：深度学习不仅能分析和理解图像，还可以通过生成对抗网络技术生成高度逼真的图片。
- **视频分析**：深度学习不仅能处理单张图片，还可以对连续的视频进行分析，提取动态场景中的信息。通过神经网络，不仅能捕捉单帧图片的内容，还能分析视频中前后帧的变化。

2 语音处理

语音处理是一种让机器能"听懂"和"说话"的技术，目的是实现人与机器之间的自然语言交流。通过智能语音技术，人们可以让机器像人类一样理解声音、识别人类的语言，并用自然流畅的语音做出回应。

1）语音识别

语音识别是指将人类的语音信号转化为机器可以理解的文字内容。简单来说，就是把"声音"转换成"文字"。先通过麦克风等设备收集人类的语音信号，然后分析语音信号中的频率、音调等特征，并提取有用的信息，再使用深度学习技术（如语音模型）将语音内容转换成文字。它常用于语音输入、语音助手、翻译软件等方面。

2）语音合成

语音合成表示将文字内容转化为机器生成的语音信号，也就是让机器能用自然流畅的语音"说话"。它会先分析输入的文字内容，判断语法和句子结构，然后通过语音合成模型将文字转化为语音波形，并模仿人类语音的语调和节奏。它常用于智能客服、导航系统、语音阅读器等方面。

操作提示

除了以上几种核心技术外，人工智能还包括生成对抗网络、机器人以及知识图谱3种技术。其中，生成对抗网络是一种能生成逼真内容的技术，利用该技术可以生成高度逼真的人像、艺术作品甚至虚拟场景，比如流行的AI换脸技术和AIGC内容生成。机器人结合了人工智能、机械工程和控制系统，使机器具备感知、行动和交互的能力。知识图谱是将信息以网络形式存储和关联的一种技术，用于帮助机器理解复杂的语义和逻辑关系。

1.3 大模型与AIGC

随着人工智能技术的发展，大模型和AIGC成为当前AI领域的重要趋势。大模型的突破为AIGC的发展提供了强大的技术支撑，而AIGC的广泛应用则进一步推动了大模型的优化和迭代。本节将对大模型的基础概念以及与AIGC之间的关系进行介绍。

1.3.1 什么是大模型

大模型是一种超大规模的深度学习模型，它通常包含非常多的参数（亿级、百亿级甚至千亿级以上），并使用海量数据进行训练。大模型可以用来解决各种复杂的人工智能任务，比如语言理解、图像生成和推荐系统等。例如，DeepSeek大语言模型就受到了用户的青睐，如图1-4所示。除此之外，文心一言、讯飞星火、智谱清言等大模型也是比较受欢迎的。

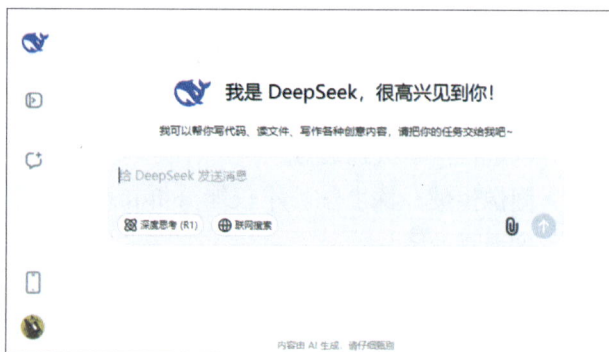

图 1-4

1.3.2　大模型的特征与种类

大模型具有以下几个显著的特点。

- **参数规模大**：大模型的核心是它的"参数"。可以把参数想象成大脑中的"神经连接"。普通模型的参数可能只有几百万个，而大模型的参数动辄达到亿级，甚至千亿级。
- **数据量大**：大模型需要用海量数据进行训练，这些数据可以是文本、图像、视频等。数据的丰富性让大模型在不同任务中表现得更加通用和高效。
- **通用性强**：大模型的一个核心优势是通用性。经过训练后，它可以在多个领域中表现出色，而不需要为每个任务单独设计和训练模型。
- **迁移学习能力强**：大模型具备很强的迁移学习能力，它在一个任务上学到的知识，可以很好地迁移到另一个任务上，从而节省开发时间和成本。
- **高计算需求**：大模型需要大量的计算资源来支持训练和运行，比如高性能GPU集群和云计算资源。因此，训练大模型的成本非常高。
- **泛化能力强**：泛化能力是指模型从已知数据中学到知识，并能够在未知数据上表现出色。大模型能够理解不同任务的上下文，并生成高质量的答案。

根据功能和应用领域，大模型可分为以下几类。

1）自然语言处理模型

主要用于处理和生成人类语言文本，擅长语义理解、语言生成等任务。代表模型有GPT系列、BERT（谷歌）等。

2）计算机视觉模型

专注于图像、视频等视觉数据的处理，能够识别、分类和生成视觉信息。代表模型有Vision Transformer（ViT）、YOLO等，常用于人脸识别、自动驾驶、医学影像分析等领域。

3）多模态模型

可以同时处理多种类型的数据，打破单一模态的限制，实现跨领域协作。代表模型有DALL.E、CLIP（OpenAI）等，常用于文本生成图像、语音转文字、视频分析等操作。

4）推荐系统模型

专注于为用户推荐符合其喜好的内容，能利用用户的行为数据和兴趣偏好进行个性化推荐。代表模型有DeepFM、Transformer4Rec等，常用于电商、流媒体、社交平台的内容推荐。

5）专用领域模型

为特定行业和任务设计的大模型，更加专业化，性能更高。代表模型有AlphaFold（用于蛋白质结构预测）、MedPaLM（用于医学问答系统）等，常用于医疗诊断、金融分析、科学研究等专业领域。

1.3.3　大模型与AIGC的关系

大模型与AIGC之间的关系是相辅相成的，主要体现在以下几个方面。

1. 大模型是 AIGC 的技术支撑

大模型是AIGC的核心技术基础。这些模型通过深度学习和大规模数据训练，具备强大的文本、图像、音频、视频等内容生成能力，使AIGC得以实现。

2. 生成内容的关键引擎

AIGC的本质是利用AI技术自动生成内容，而大模型是具体执行这一任务的"引擎"。例如，文本大模型（如文心一言）可以生成文章、对话、代码等内容，而图像大模型（如即梦AI）可以生成绘画、设计、视频帧等。

3. 模型能力决定 AIGC 的质量

大模型的参数规模、训练数据、优化算法等直接影响AIGC的生成质量。例如，参数更多、数据更丰富、训练更充分的大模型，往往能生成更自然、更具创造力的内容。

4. AIGC 依赖大模型的推理和微调能力

AIGC需要根据不同的应用场景进行调整，比如企业定制化的AI助手、个性化内容创作等。这通常依赖大模型的微调和提示词来优化生成效果。

5. 大模型推动 AIGC 的多模态发展

早期的AIGC多集中于文本生成。而随着大模型的发展，AIGC逐渐具备多模态能力，即同时处理和生成文本、图像、音频、视频等多种内容。例如，想让AIGC辅助写一篇以"秋天"为主题的文章，那么大模型会通过学习大量的文章，来了解"秋天"是什么，它有哪些特点（比如秋高气爽、金色、收获等），然后根据要求生成一篇文章。这时，AIGC就利用大模型的能力，将生成的文章内容呈现出来，完成内容创作的任务。

总的来说，大模型是AIGC的"大脑"，提供了强大的生成内容能力；而AIGC是大模型的"舞台"，让它的能力得以展现。两者相互依赖，共同推动人工智能技术的发展，让机器像人类一样创作内容。

1.4　AIGC内容生成基础

通过学习以上内容我们了解了AIGC的概念、特点，以及它与大模型的关系，接下来将着重对AIGC的基础知识进行介绍。

1.4.1　内容生成种类

利用AIGC工具，可生成各种类型的内容，例如文章、图像、音频、视频等。

1. 生成文本

在文本生成方面，它像是一位经验丰富的作家或助手，可以根据需求快速生成高质量的文章、报告、对话等内容。

- **文章创作：** 根据用户提供的主题，AIGC可以生成新闻稿、故事、技术文章，甚至诗歌和小说。

- **宣传文案**：根据产品目标和受众特征，AIGC可以快速生成符合品牌调性和市场需求的宣传文案。这些文案具有吸引力，能有效提升宣传效果。
- **对话生成**：AIGC能够根据用户的问题和需求，自动生成准确、专业的回复，提高客服的响应速度，降低企业的人力成本。
- **多语言翻译创作**：AIGC具备强大的多语言翻译能力，能够实现不同语言之间的无缝转换，并根据目标文化的特点进行跨文化创作，为全球化内容传播提供有力的支持。

以下是利用文心一言工具根据输入的提示词生成的诗歌内容。

> **提示词**：描写春天阳光洒满大地，嫩芽从泥土中探出头，河流解冻后欢快流淌，蝴蝶在花丛中飞舞，空气中弥漫着花香，展现万物复苏的生机与活力。
>
> 请根据以上描述，生成一首以"春"为主题的现代诗歌。

内容生成如下：

春日复苏

春日的阳光洒满大地，
金色的线条，温柔地触碰，
唤醒沉睡的泥土与梦境，
万物在此刻，轻轻地颤动。

嫩芽从泥土中探出头来，
好奇地张望，翠绿的小脸，
像是初生的婴儿，娇嫩欲滴，
宣告着生命的顽强与希望。

河流解冻，欢快地流淌，
冰层下的秘密，终于释放，
水波粼粼，闪烁着银光，
唱着自由的歌，奔向远方。

蝴蝶在花丛中翩翩起舞，
轻盈的翅膀，绘出春的图案，

它们穿梭、嬉戏、亲吻花朵，
传递着爱的信息，温暖如阳。

空气中弥漫着醉人的花香，
桃花、杏花，还有不知名的野芳，
它们交织、融合、相互渗透，
织就一张香甜的春日网。

看，那复苏的大地多么欢畅，
每一寸土地，每一片叶子，
都在诉说着生命的奇迹与力量，
春，你是最美的诗，最暖的歌。

我站在这春日的画卷中，
心随风动，情随景迁，
感受着你的温暖与生机，
春，你是我永远的向往与期盼。

2. 生成图像

在图像生成方面，AIGC能够根据文字描述或现有的图像来生成全新的视觉内容，极大地拓展了创作的可能性。

- **绘画与插画**：艺术家可以利用AIGC技术获取创作灵感，或者直接生成艺术作品。通过输入描述性的关键词，系统可以生成具有独特风格的绘画、插画等。
- **设计与创意**：设计师可以使用AIGC技术快速生成Logo、海报、产品设计草图，为创意设计工作者节省时间。

- **识别P图：** 通过分析图像的特征、纹理、色彩、光照等信息，结合机器学习算法，能够识别出图像中的异常区域或不一致性，从而判断图像是否经过篡改。这一应用在新闻真实性验证、司法取证、版权保护等方面具有重要意义。
- **图像编辑与修复：** AIGC不仅能够生成全新的图像，还能对现有图像进行编辑、修复和增强，如提高画质、去除噪点等，提升图像的整体质量。

图1-5所示是利用佐糖AI工具为图像上色。

图 1-5

3. 生成音频

在音频生成方面，AIGC可以创造音乐、配音，甚至模拟人声，为多媒体创作带来巨大便利。

- **音乐创作：** 根据用户输入的风格、情感、节奏等要求，生成音乐作品。例如，帮助快速生成背景音乐、配乐等，为音乐创作者提供新的创作方式和思路。
- **语音合成：** 能够将文本转换为自然流畅的语音，应用于语音导航、有声读物、智能语音助手等场景。例如，手机上的语音助手就是通过语音合成技术，将文字信息转换为语音，与用户进行交互。
- **音效制作：** 能够生成环境音效、特殊效果音，为影视、游戏或广告提供音频素材。

4. 生成视频

在视频生成方面，可以从零开始生成动态的视频内容，或对现有素材进行智能编辑，助力影视和短视频制作。

- **视频剪辑：** 可以自动对视频素材进行剪辑、拼接、特效添加等操作，提高视频制作的效率。
- **视频创作：** 根据文本描述或其他输入信息，生成视频内容。
- **个性化定制：** 可以根据用户需求，生成个性化定制的视频内容，如个性化视频贺卡、短视频等。

图1-6所示是利用即梦AI工具生成的视频画面。

图 1-6

1.4.2 内容生成工具

目前，国内优秀的AIGC工具有很多，比如DeepSeek、文心一言、智谱清言等。与国外主流工具相比，国内工具会遵循我国自己的语言使用习惯和理解方式，生成的内容则更加贴合实际需求。

1. DeepSeek

DeepSeek是由杭州深度求索人工智能基础技术研究公司推出的一款专注于深度搜索和内容生成的人工智能工具，旨在通过结合强大的搜索能力和生成式AI技术，为用户提供更精准、高效的信息获取和内容创作体验，如图1-7所示。

图 1-7

DeepSeek的特点如下。
- 从海量数据中快速提取相关信息，结合上下文理解用户需求，提供精准的搜索结果。
- 支持多模态搜索（文本、图像、音频等），满足多样化的信息需求。支持多种创作场景，如文章写作、数据分析、编程辅助、艺术设计等。
- 根据用户使用习惯和偏好，能够推荐相关的内容或资源，以提升用户体验。
- 实时抓取和整合最新信息，确保用户获取的内容为最新状态。

2. 文心一言

文心一言工具是百度推出的一款基于人工智能技术的自然语言处理工具，能够高效地理解和处理文本数据，提升语言任务的性能。它是百度在多模态、跨领域以及知识增强领域的产品，如图1-8所示。

图 1-8

文心一言的特点如下。

- 支持文本生成、对话问答、知识问答、内容创作等功能。
- 采用知识增强技术，将大规模语言模型和知识图谱结合，生成内容更为精准。

3. 智谱清言

智谱清言大模型是由智谱AI团队开发的中英双语对话模型，基于GLM大模型架构，旨在提供高效、通用的"模型即服务"AI开发新范式。它在中文问答和对话方面经过了深度优化，能够生成文本、翻译语言、编写不同风格的创意内容，并能回答用户的各种问题，如图1-9所示。

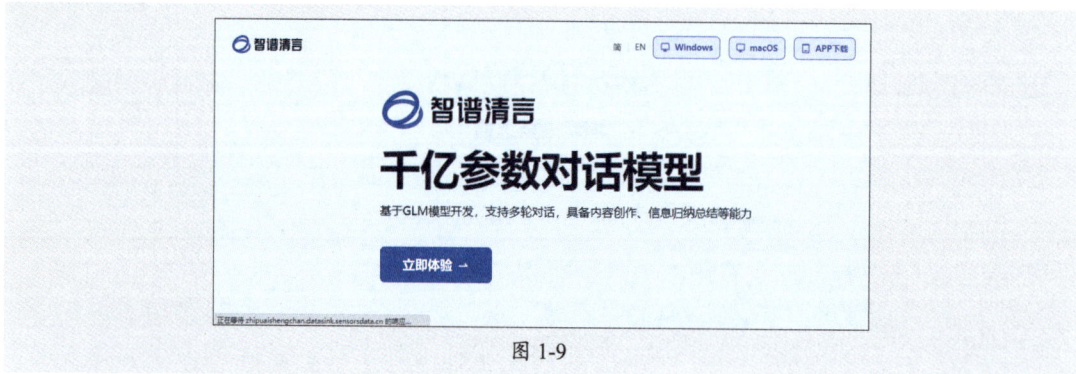

图 1-9

智谱清言的特点如下。

- 支持连续多轮的自然对话，能够根据上下文理解用户的问题并提供相应的回答。
- 具备庞大的知识库，能够回答各类问题，从科学知识到生活常识，覆盖广泛。
- 能够生成多种类型文本，包括新闻报道、小说、诗歌、代码等，满足不同创作需求。
- 可根据用户需求进行个性化定制，打造专属的AI助手。
- 具备复杂的推理和决策能力，帮助用户解决问题。

4. 讯飞星火

讯飞星火大模型是由科大讯飞公司推出的新一代认知智能大模型。它能够与用户进行自然的对话互动，并在对话中提供内容生成、语言理解、知识问答、推理和数学能力等多方面的服务，如图1-10所示。

图 1-10

与其他模型相比，讯飞星火在语音识别和语音合成领域表现突出，能够提供准确且自然的语音交互体验。

讯飞星火的特点如下。

- 通过长按提示词输入的语音按钮，将语音实时转换为文字并发送。适用于需要频繁输入提示词的场景。
- 支持文本朗读功能，单击"播放"按钮可听取语音回答。同时，还提供不同发音人的切换选项，以满足用户的个性化需求。
- 支持多模态功能，包括数学公式识别。对于数学题目，它可以识别图片中的考题，并给出正确答案。
- 提供了涵盖生活、职场、营销、写作等多场景的智能助手。用户可输入"@"快速调用这些助手，以完成编导PPT大纲、写文案、整理周报、编故事等任务。
- 具备开放式知识问答的能力，可以进行逻辑和数学能力升级，以及实现多轮对话。

5. 通义千问

通义千问是阿里巴巴推出的一款先进的人工智能问答系统，具备广博的知识、高效的实时响应和持续学习能力。通义千问强大的知识检索能力使其能快速从海量数据中找到相关信息，如图1-11所示。

图 1-11

通义千问的特点如下。

- 内置庞大的知识库，涵盖生活、科技、文化、历史、体育等多个领域，能提供准确的信息和答案。同时，动态更新知识库，确保提供的信息是最新的。
- 支持单轮问答、多轮问答、相似问题检索等多种问答模式。能够与用户进行连贯的对话交流，理解对话上下文，可满足不同场景下的问答需求。
- 可处理和生成多种语言的内容，实现跨语言的沟通与信息获取。

操作提示

除此之外，还有其他一些好用的AIGC工具，例如豆包、即梦AI、腾讯元宝、Kimi、秘塔等。这些工具各有所长，其中Kimi与文心一言相似，在通用能力方面表现突出，能够应对广泛的语言处理任务；豆包、秘塔和腾讯元宝在各自的专业领域（如特定行业知识、隐私保护、游戏AI）有独特的优势。

1.4.3 行业应用领域

AIGC技术已广泛应用于多个行业，并深刻改变了传统行业的运作方式，极大地提升了人们的工作效率和创新能力。

1. 企业智能化服务

AIGC技术赋能企业办公自动化，可提高办公效率和决策能力。例如，AIGC可以自动生成会议纪要、撰写商业报告、优化客户邮件回复，甚至辅助编写代码，帮助企业提升生产力。此外，智能聊天机器人可以处理日常咨询，减轻员工工作负担。

此外，AIGC在客服领域的应用正在逐步替代传统人工客服系统，成为提升企业服务质量与效率的重要工具。通过自然语言处理技术，AIGC能够生成自然流畅的对话内容，并实时理解和响应客户的多样化需求。图1-12所示为AIGC智能客服示意图。

图 1-12

具体应用如下。

- **合同自动生成**：根据预设的模板和输入的参数，自动生成合同、协议等文件。不仅能帮助企业提高文件生成效率，还能保证文档的格式和内容符合标准。

- **报表自动化生成**：从企业的业务系统中提取数据，自动生成财务报表、销售报告和运营报告等。
- **商业提案生成**：帮助企业自动撰写商业提案、项目计划书等文件。企业只需输入项目概要和要求，AIGC便能根据模板和历史数据自动生成符合要求的文案。
- **问题解答**：根据客户提出的问题，自动从知识库检索相关信息，并生成准确的答案。这种实时自动回应大大缩短了客户等待时间，提升了客户满意度。
- **订单处理**：帮助客户查询订单状态、自动处理修改订单、退款申请等事务。通过与后台系统的集成，AIGC能够实时更新订单信息并提供反馈。
- **技术支持**：为客户提供解决方案，甚至可以自动分析故障原因并提供修复建议。通过不断学习和优化，AIGC能够提供越来越精准的技术支持服务。

2. 教育与培训

　　AIGC在教育领域的应用包括个性化学习推荐、智能题目生成、自动批改作业等。例如，可以根据学生的学习习惯和能力，提供个性化的学习内容；还能自动生成试题，并提供智能评估，帮助教师提高教学效率。图1-13所示为智能机器人授课场合示意图。

图 1-13

具体应用如下。

- **个性化题库与练习**：根据学生的薄弱环节生成定制化的练习题，例如针对数学中的某个难点生成梯度化的习题，让学生逐步攻克难题。
- **动态课程调整**：通过分析学生的学习数据，AIGC可以实时调整课程内容和进度，确保学生始终处于适宜的学习节奏中。
- **多样化学习资料**：AIGC可以为学生生成不同形式的学习资源，如文字讲解、可视化图表、视频教程等，帮助学生多角度理解知识。
- **实时答疑解惑**：学生可以通过对话式提问，获得即时解答，无须等待人工回复。无论是数学公式推导还是文学作品赏析，AIGC都能提供细致的解读。
- **虚拟课堂场景模拟**：AIGC可以生成虚拟课堂，与学生进行互动。比如在历史课程中可以模拟历史事件，让学生以第一视角体验情境，增强学习的趣味性与沉浸感。

- **语言学习助手**：通过生成互动式对话练习，AIGC能够帮助学生提高外语口语能力，例如模拟真实的商务对话或日常交流场景。

3. 媒体与内容创作

AIGC已经能自动生成新闻、广告文案、短视频、音频播客等内容，极大地提高了内容创作的效率。例如，它可以辅助记者撰写新闻稿，自动剪辑视频，甚至生成原创音乐和配音，为媒体行业带来全新的创作模式。图1-14所示为智能机器人写作示意图。

具体应用如下。

- **自动化新闻生成**：基于实时数据和事件动态快速生成新闻稿。例如，当发生某新闻事件时，AIGC可以提取关键信息并自动撰写出清晰、准确的新闻报道，为新闻媒体争取时间优势。
- **创意文案生成**：根据品牌调性和目标用户群体的特征，生成具有吸引力的广告文案、社交媒体内容和营销创意。通过分析用户数据，AIGC可以生成针对不同用户群体的定制化广告内容。
- **多媒体创作**：AIGC不仅能生成文章内容，还能快速生成高质量的图片、视频和音频内容，为媒体行业提供全面的内容支持。

4. 艺术与创意

AIGC在艺术创作方面也有广泛应用，包括AI绘画、音乐创作、剧本写作等。例如，AI可以根据文本描述生成精美的绘画作品，甚至创作完整的音乐和电影剧本，为艺术家提供无限灵感和创作工具，图1-15所示为智能机器人绘画示意图。

图 1-14　　　　　　　　　　　　　　　图 1-15

具体应用如下。

- **数字艺术创作**：AIGC技术可以为艺术家提供创作灵感，并通过算法生成各种风格的数字艺术作品。
- **影视动画创作**：根据给定的主题或情节，自动生成剧本、对白和情节发展。创作者只需要输入基本的情节概要，便能扩展成完整的剧本或故事线，为电影、动画、短片等创作提供支持。
- **游戏设计开发**：帮助游戏设计师生成各种游戏角色模型、道具以及游戏场景，大大缩短了游戏设计的时间和精力，为创作者提供了更多的创意选择，从而提升了游戏的多样性和创新性。

第 2 章

与AI互动：
提示词与优化技巧

内容导读

提示词在AIGC中扮演着重要角色，正确的提示词能有效引导机器生成精准的内容。本章将简要介绍提示词概念以及如何优化提示词以提升生成内容的质量。通过分析常见的使用误区和优化方法，并结合实际应用案例，可帮助读者更好地掌握提示词的运用技巧，从而提高与机器互动的效率。

要点与难点

- 提示词的类型
- 新手常见误区
- 提示词的使用原则
- 优化提示词的方法

跟我做 多轮对话生成一周旅行计划

案例场景：小李想在孩子暑假期间外出旅游一周，但始终没想好去哪里旅游，以及如何分配旅游时间。面对这种情况，小李利用AIGC进行多轮交互，以协助自己制作出一份合理的旅行计划。本例所使用的AIGC工具为DeepSeek。

第一轮对话

问：假设你是我的私人助理，请推荐3个国内文化古城，既能散心，又能领略到历史文化的底蕴。

答：以下是3个既能散心，又能领略中国历史文化底蕴的国内文化古城推荐。

1. 西安

推荐理由：西安是中国历史上著名的十三朝古都，拥有丰富的历史文化遗产。你可以参观兵马俑、大雁塔、钟鼓楼等著名景点，感受古代中国的辉煌。西安的古城墙保存完好，骑自行车绕城墙一圈是体验古城风貌的绝佳方式。

特色体验：品尝地道的陕西美食，如肉夹馍、羊肉泡馍等，感受舌尖上的历史。

2. 苏州

推荐理由：苏州以其古典园林和水乡风情闻名，被誉为"东方威尼斯"。你可以游览拙政园、留园等世界文化遗产，感受江南园林的精致与优雅。苏州的古运河和小桥流水也让人心旷神怡。

特色体验：乘坐小船游览苏州古运河，欣赏两岸的古建筑和水乡风光，体验慢节奏的生活。

3. 丽江

推荐理由：丽江古城是世界文化遗产，以其独特的纳西族文化和保存完好的古建筑群而闻名。你可以在古城中漫步，感受石板路、小桥流水和古老的纳西民居。丽江的玉龙雪山和束河古镇也是不可错过的景点。

特色体验：在古城中找一家茶馆或咖啡馆，静静品味当地的生活节奏，或者参加纳西族的传统活动，感受少数民族文化的魅力。

这些古城不仅能让你放松心情，还能让你深入体验中国悠久的历史文化。希望这些推荐对你有帮助！

第二轮对话

问：以苏州为旅游目的地，请帮我拟一份适合7日游的行程安排。要求：自驾游，旅行路线要合理。

答：以下是为您量身定制的苏州7日自驾游行程安排，路线合理，兼顾经典景点、文化体验和休闲放松，确保您能充分领略苏州的魅力。

第一天：抵达苏州&平江路历史街区。

上午：抵达苏州，入住酒店，稍作休息。

下午：自驾前往平江路历史街区，漫步古街，感受小桥流水和古建筑。

晚上：在平江路附近的餐馆品尝苏州特色小吃，如苏式汤包、糖粥等。

住宿：苏州市区酒店。

第二天：古典园林之旅

上午：自驾前往拙政园（世界文化遗产），游览江南园林的代表作。

中午：在拙政园附近的餐馆享用苏帮菜，推荐松鼠桂鱼、响油鳝糊。

下午：自驾前往狮子林，欣赏奇石假山和园林艺术。

晚上：自驾前往观前街，体验苏州的夜市文化，品尝当地小吃。

住宿：苏州市区酒店。

第三天：水乡古镇体验

上午：自驾前往周庄（中国第一水乡，约1小时车程），游览双桥、沈厅、张厅等景点。

中午：在周庄品尝水乡特色菜肴，如万三蹄、阿婆茶。

下午：继续游览周庄，或自驾前往同里古镇（约30分钟车程），体验不同的水乡风貌。

晚上：返回苏州市区，休息。

住宿：苏州市区酒店。

第四天：文化与历史探索

……

第五天：太湖风光与休闲

……

第六天：丝绸文化与现代苏州

……

第七天：自由活动&返程

……

自驾游温馨提示：

路线规划：苏州景点相对集中，自驾游方便灵活，建议使用导航软件（如高德地图、百度地图）规划最佳路线。

停车：苏州市区和景区周边有较多停车场，建议提前查询停车信息。

住宿：建议选择市区酒店，方便自驾前往各景点。

美食：除了苏帮菜，苏州的糕点（如桂花糕、海棠糕）和茶饮（如碧螺春）也值得一试。

希望这份自驾游行程能让您的苏州之旅充实而愉快！如果有其他需求，欢迎随时告知！

第三轮对话

问：请根据以上行程规划，推荐3个性价比较合适的经济型酒店。

答：1. ××快捷酒店（苏州观前街店）

推荐理由：位于苏州市中心，靠近观前街和平江路，交通便利，适合游览古城景点。酒店提供免费停车场，适合自驾游客。

价格：约××~××元/晚。

地址：苏州市平江区观前街××号。

周边景点：观前街、平江路、拙政园、狮子林。

适合行程：第一天、第二天、第四天、第六天。

2.××酒店（苏州山塘街店）

推荐理由：靠近山塘街，夜晚可以步行游览古街夜景。酒店提供免费停车场，房间干净整洁，性价比高。

价格：约××~××元/晚。

地址：苏州市姑苏区××号。

周边景点：山塘街、虎丘、留园。

适合行程：第三天、第四天、第五天。

3.××连锁酒店（苏州金鸡湖店）

推荐理由：位于金鸡湖附近，适合游览现代苏州景点。酒店提供免费停车场，周边餐饮和购物选择丰富。

价格：约××~××元/晚。

地址：苏州市工业园区××号。

周边景点：金鸡湖、李公堤、月光码头。

适合行程：第六天。

住宿安排建议：

第1~2天：××快捷酒店（苏州观前街店）。

第3~5天：××酒店（苏州山塘街店）。

第6天：××连锁酒店（苏州金鸡湖店）。

这些酒店位置优越，价格实惠，且提供免费停车场，非常适合自驾游的旅客。希望这些推荐能为您的苏州之旅提供舒适的住宿体验！如果有其他需求，欢迎随时告知！

第四轮对话

问：按照以上行程安排，有哪些特色美食可推荐的？

答：苏州是一座美食之都，以其精致、清淡、鲜美的苏帮菜和丰富的特色小吃闻名。根据您的行程安排，以下是一些不可错过的苏州特色美食推荐，结合景点附近的餐馆，方便您在旅途中品尝。

1.苏帮菜

苏帮菜是苏州的传统菜系，以清淡、鲜美、注重刀工和火候著称。

推荐菜品：

松鼠桂鱼：外酥里嫩，酸甜可口，是苏帮菜的代表作。

响油鳝糊：鳝鱼丝滑嫩，配上蒜末和热油，香气扑鼻。

清蒸白鱼：太湖三白之一，肉质鲜嫩，清淡鲜美。

樱桃肉：形似樱桃，色泽红亮，口感软糯。

推荐餐馆：

××楼（观前街店）：苏州老字号，以松鼠桂鱼闻名。

××楼（李公堤店）：历史悠久，环境优雅，适合品尝正宗苏帮菜。

2. 苏州小吃

苏州小吃种类丰富，甜咸兼备，适合边走边吃。

推荐小吃：

苏式汤包：皮薄汁多，鲜美无比。

糖粥：糯米粥配上红糖和桂花，香甜软糯。

生煎包：底部酥脆，内馅多汁。

蟹粉小笼包：蟹粉与猪肉的完美结合，鲜美无比。

推荐餐馆：

××生煎（临顿路店）：苏州生煎的代表，口感绝佳。

××糕团店（观前街店）：老字号糕团店，糖粥和糕点都很受欢迎。

3. 水乡特色菜

在周庄、同里等水乡古镇，可以品尝到地道的江南水乡风味。

推荐菜品：

……

推荐餐馆：

……

4. 苏州糕点

苏州糕点精致小巧，甜而不腻，适合作为伴手礼或茶点。

推荐糕点：

……

推荐餐馆：

……

5. 茶饮

苏州的茶文化源远流长，品茶是体验苏州慢生活的好方式。

推荐茶饮：

……

推荐茶馆：

……

行程中的美食安排建议：

第1天（平江路）：××汤包、××粥、××生煎。

第2天（拙政园、狮子林）：××楼的松鼠桂鱼、××楼的响油鳝糊。

第3天（周庄、同里）：××酒家的万三蹄、太湖三白。

……

希望这些美食推荐能让您的苏州之旅更加美味难忘！如果有其他需求，欢迎随时告知！

使用AIGC工具推荐一部适合10岁孩子观看的电影，请问如何设计提示词？

?

一起学

提示词是用户与机器交流的关键词汇。提示词越准确，机器生成的内容就越贴合用户的需求。因此提示词设计的好坏，会直接影响到沟通效率。下面将对提示词以及提示词的优化方法进行简单介绍。

2.1　什么是提示词

提示词是引导机器生成内容的文字描述，是用户与机器之间的沟通桥梁。其核心作用是向机器提供明确的指令或问题，让机器了解它要回答什么或做什么。提示词描述不同，生成的内容也会不同。优秀的提示词能让机器更准确地理解用户需求，从而生成高质量、贴合需求的内容；而模糊不清的提示词，可能会导致机器生成不相关或质量较差的内容。

提示词可以是一个简单的问题，一段详细的任务描述，也可以是一组指令，这完全取决于用户的具体需求，示例如下。

- **简单提示词**：请客观评价一下《哪吒之魔童闹海》这部电影。
- **任务描述提示词**：请写一篇关于《哪吒之魔童闹海》的影评，包含剧情、角色塑造、视觉效果的分析。影评需深入探讨该片如何对传统神话进行改编，并评估在动画制作、情感表达和主题立意上的优缺点，字数不少于800字，适合影迷阅读。

在人机交互中，提示词的作用可概括为以下4点。

- **引导内容生成**。提示词决定了机器生成内容的方向和类型。比如写一篇文章、生成一段代码、解释某个概念等，都是通过提示词完成的。
- **影响生成结果的质量**。明确的提示词可以让机器提供更精准、更符合需求的答案，而模糊的提示词可能导致结果偏离预期。
- **激发创意**。借助机器强大的生成能力，提示词可以帮助用户拓展思路，找到新颖的解决方案。
- **节省时间和精力**。使用清晰的提示词，可以快速获取信息或创作内容，无须从零开始思考。

2.2 提示词的类型

AIGC的提示词类型多种多样。根据应用场景和目标，提示词大致可分为以下几种类型。

1. 指令型

指令型提示词明确告诉机器要执行的具体任务，例如撰写、总结、翻译、生成代码等。这类提示词通常以"请""生成""撰写"等动词开头，确保机器按照指定任务输出。示例如下：

- 请用简洁的语言总结《三体》的主要剧情，控制在300字以内。
- 生成一篇关于"人工智能如何改变教育"的科普文章，目标读者为大学生，篇幅1000字左右。

2. 开放型

这类提示词较为宽泛，允许机器自由发挥，通常适用于创意写作、故事生成、观点探讨等任务。开放型提示词的结果可能会更加丰富，但由于缺乏具体限制，机器的输出可能不完全符合预期。示例如下：

- 请编写一个关于"时间旅行"的短篇故事。
- 描述一个未来世界的科技发展趋势。

这类提示词能激发机器的创造力。如果目标明确，可以通过增加细节来引导机器生成更符合需求的内容。

3. 约束型

这类提示词会给机器设定条件、限制或格式，使生成的内容更符合预期，比如字数限制、写作风格、信息重点等。示例如下：

- 用幽默风格写一篇关于早起的好处的短文，长度不超过300字。
- 用正式的商务邮件格式写一封求职信，申请数据分析师职位。

这类提示词能够更好地把控机器输出的内容。

4. 角色扮演型

角色扮演型提示词是让机器扮演某个角色，从该角色的视角进行对话或写作。此类提示词在对话生成、虚拟助手、AI客服等应用场景中十分常见。这种方式可以让机器的输出更加符合特定领域的专业表达或特定人物的风格。示例如下：

- 你现在是一位历史学家，请解释为什么工业革命对人类社会产生了深远影响。
- 假设你是《哈利·波特》中的邓布利多，请给哈利一些人生建议。

5. 示例引导型

该类型的提示词是通过提供示例，让机器学习并模仿特定的写作风格、格式或类型，以提高机器生成的准确性，适用于结构化内容创作。示例如下：

- "这款耳机采用主动降噪技术，支持蓝牙5.0，续航长达30小时，适合长途旅行使用。"请按照同样的风格写一个智能手表的介绍。

- "床前明月光，疑是地上霜。举头望明月，低头思故乡。"请模仿这种格式写一首关于春天的诗。

实际应用中，用户可以结合多种类型，不断调整和优化提示词，以获得更符合需求的内容输出。

2.3　新手常见误区

对于刚接触AIGC工具的用户来说，经常会出现一些基础性的错误，例如提示词过于简单，没有明确内容重点，或没有提供上下文背景，导致无效的对话。下面将列举一些常见的提示词设计误区，以提醒用户尽量避免。

1. 提示词过于简单化

提示词太过简单，没有提供足够的背景信息或具体要求，缺乏必要的细节，从而导致AIGC生成的内容太过笼统、缺乏深度或不符合预期。

错误示例： 请生成一张科幻的插画。（科幻的场景是什么？未来城市，还是外星世界？）

应对策略： 提供具体背景信息，明确内容范围。

改进示例： 生成一幅未来城市的概念插画，城市中有高楼大厦、飞行汽车，色调以蓝色和紫色为主。

2. 提示词过于复杂化

提示词过于简单不好，过于复杂也不行。因为提示词太过冗长、复杂，会导致机器难以提取关键信息，生成的内容会失去重点或偏离主题。

错误示例： 请用正式商务风格写一封邮件，向公司高层汇报销售业绩，需包含销售增长情况、客户反馈、市场趋势，并提出未来改进建议，每个部分需用数据支持。（提示词太多，没有主次之分）

应对策略： 平衡详细程度。可以拆分提示词，逐步引导机器生成内容，避免一次性输入过多要求。

改进示例： 请写一封正式的商务邮件，向公司高层汇报本季度销售业绩，重点突出销售增长的数据。（可进行迭代提问，逐步补充其他需求，如客户反馈、市场趋势等）

3. 提示词有误导倾向

在提示词中如果出现带有主观偏见、刻板印象或误导性假设，就会导致机器生成的内容不够客观，具有倾向性，甚至会带有错误信息。这种情况在涉及性别、职业、文化、社会问题等主题时尤为常见。

错误示例： 为什么这一代年轻人都不愿意努力工作？（带有刻板印象的假设，缺乏客观依据）

应对策略： 加强自我审视。在设计提示词时，反思自己可能存在的偏见及刻板印象，尽量使用中立的语言。

改进示例： 探讨不同年龄群体对工作的态度及其背后的社会和经济因素。

4. 带有"幻觉"问题的提示词

"幻觉"提示词是指那些缺乏具体限制、涉及事实性内容但没有提供数据来源，或要求机器回答超出其知识范围的问题。这类提示词通常会让AIGC生成看似合理，但实际上完全错误或无依据的内容，也就是人们常说的：一本正经的胡编乱造。

错误示例： 请写一篇关于2026年世界经济发展的分析文章。（2026年尚未到来，AIGC只能基于推测进行内容的编造）。

应对策略： 对于事实不确定的情况，要求AIGC在不确定时明确说明。如有事实依据，则要求机器提供信息来源，便于验证。此外，避免使用"绝对性"或"已证实"这类措辞，可将其改为探讨或可能性分析。

改进示例： 请基于2024年世界经济数据，分析未来两年可能的经济发展趋势。如无法预测，可直接说明，不要编造信息。（避免提供无法预测未来的事实）

2.4　提示词的使用原则

想要通过AIGC获得更贴合实际的内容，可在使用提示词时遵循以下几点原则。

1. 目标明确清晰

提示词应避免模糊不清的描述，确保AIGC能够准确理解用户意图。过于笼统的提示词可能会导致生成无重点、无深度或偏离主题的内容。

2. 提供完整上下文信息

AIGC生成内容时会依赖于提问提供的信息。如果问题缺乏背景，可能导致回答偏离实际需求。补充上下文信息可以帮助AIGC更好地理解问题并生成符合情境的内容。

3. 复杂问题分步引导

当需要处理一些相对复杂的问题时，不要期待一次性得到完美的结果，否则得到的回答会不够全面或条理不清。这就需要设计一系列后续问题，进行多轮对话，将复杂的任务分解为多个小提示词分步完成。

4. 避免提示词有歧义

有歧义的提示词容易让机器解读为多种不同的含义，这种情况会导致生成的内容无法满足预期，甚至偏离主题。要避免有歧义，则需通过明确的用词、补充必要的背景信息和限定条件，确保提示词具有单一性。此外，避免提示词出现偏见和"幻觉"引导，以保证生成的内容客观、真实可靠。

2.5　优化提示词的方法

有了初始提示词后，AIGC生成的内容可能不完全符合预期，这就需要对提示词进行优化，以便生成高质量的内容。

1. 细化提问边界

如果初始提示词过于笼统，会导致生成的内容偏离预期。用户可通过补充细节、限定范围或明确格式来减少机器解答的模糊性。这种方法常用于要生成特定主题、风格或格式的内容场合。

> **提示词优化前：** 请撰写一篇关于海洋环保的文章。

生成内容如下（节选）：

守护蔚蓝：人类与海洋的共同未来

海洋覆盖了地球表面的71%，是地球上最大的生态系统。这片蔚蓝的水域不仅是无数生物的家园，更是维持地球生态平衡的关键。从微小的浮游生物到庞大的鲸鱼，从五彩斑斓的珊瑚礁到深邃的海沟，海洋构成了一个精妙绝伦的生命网络。

人类活动正在以前所未有的速度破坏海洋生态。每年约有800万吨塑料垃圾流入海洋，这些难以降解的废弃物正在形成巨大的"垃圾带"，威胁着海洋生物的生存。过度捕捞导致渔业资源枯竭，全球90%的大型鱼类种群已经消失。气候变化引发的海洋酸化和温度上升，正在摧毁脆弱的珊瑚礁生态系统。这些触目惊心的数据背后，是海洋生态系统不可逆转的退化。

……

> **提示词优化后：** 以"塑料污染对海洋生态的影响"为主题，用通俗易懂的语言写一篇800字的科普文章，包含数据案例和解决方案，适合中学生阅读。

内容生成如下：

塑料入侵：海洋生物的"隐形杀手"

当你漫步在海滩，看到五颜六色的塑料瓶、塑料袋时，是否想过它们最终会去向何方？这些看似无害的塑料制品，正在成为海洋生物的"隐形杀手"。

塑料的海洋之旅

每年约有800万吨塑料垃圾进入海洋，相当于每分钟就有一卡车塑料被倒入大海。这些塑料不会真正消失，而是在阳光和海浪的作用下，逐渐分解成微小的塑料颗粒。科学家在太平洋发现了一个巨大的"垃圾带"，面积相当于3个法国那么大，漂浮着超过1.8万亿片塑料。

海洋生物的噩梦

海龟经常把漂浮的塑料袋误认为水母而吞食，导致消化不良甚至死亡。信天翁父母会误将塑料片当作食物喂给幼鸟，造成幼鸟营养不良。更可怕的是，塑料分解产生的微塑料已经进入食物链。科学家发现，94%的自来水样本和90%的食盐样本中都含有微塑料。这意味着，我们扔掉的塑料，最终可能通过食物回到我们的餐桌上。

我们能做什么

1.减少使用：自带购物袋、使用可重复使用的水杯、拒绝一次性餐具。

2. 正确回收：学习垃圾分类知识，确保可回收物得到妥善处理。

3. 参与清理：参加海滩清理活动，亲身体验海洋污染的严重性。

4. 传播知识：将你了解的塑料污染知识告诉身边的人，让更多人加入保护海洋的行列中。

5. 支持创新：关注可降解材料的研究，支持环保科技的发展。

结语

保护海洋不是遥不可及的任务，而是始于我们每个人的日常选择。当我们减少使用一个塑料袋，就可能拯救一只海龟；当我们正确回收一个塑料瓶，就可能保护一片珊瑚礁。让我们携手行动，还海洋一片洁净，给海洋生物一个安全的家园。

记住，保护海洋就是保护我们自己，因为地球是我们共同的家园。

② 分节点或分模块引导

通过分节点或分模块来引导AIGC逻辑，可使其生成有条理的内容。这种方法适用于生成复杂或多层次的内容，如攻略、报告、教程等。

> **提示词优化前**：请帮我写一份云南旅游攻略。

生成内容如下（节选）：

> ### 云南秘境之旅：7天6晚深度游
>
> 行程亮点：古城探秘、雪山朝圣、热带雨林、少数民族风情。
>
> 适合人群：喜欢自然风光、对少数民族文化感兴趣的旅行者。
>
> 预算：中等（约××～××元/人，不含机票）。
>
> Day1：抵达昆明，春城初印象。
>
> 上午：抵达昆明长水国际机场，前往酒店办理入住。
>
> 下午：游览【翠湖公园】，感受春城的悠闲氛围，观赏红嘴鸥（冬季）。
>
> ……

> **提示词优化后**：请按照以下结构写一份云南旅游攻略。
>
> 1. 行程安排：7天自驾路线，含昆明、大理、丽江。
> 2. 必吃美食：列出5种当地特色菜和推荐餐馆。
> 3. 注意事项：高原反应、自驾路况等。
> 4. 费用预算：住宿、餐饮、景点门票等。

生成内容如下（节选）：

> ### 云南自驾之旅：7天昆明—大理—丽江经典路线
>
> 1. 行程安排

Day 1：昆明集结

上午：抵达昆明，租车，适应高原气候

下午：游览翠湖公园、云南大学

晚上：金马碧鸡坊夜市，品尝小吃

Day 2：昆明—大理（约4小时车程）

上午：前往大理，途经楚雄

下午：抵达大理，游览大理古城、洋人街

晚上：夜游洱海

……

2. 必吃美食

（1）过桥米线（昆明）：推荐餐馆：××过桥米线（连锁店）

（2）汽锅鸡（昆明）：推荐餐馆：××楼（锦江店）

……

3. 注意事项

（1）高原反应

● 初到高原避免剧烈运动。

● 多喝水，适量补充糖分。

● 准备红景天、氧气瓶等应急物品。

（2）自驾路况

● 云南山路多，注意控制车速。

● 雨季（6～9月）注意落石和塌方。

● 提前下载离线地图，部分山区信号弱。

（3）其他

● 云南紫外线强，做好防晒。

● 昼夜温差大，准备保暖衣物。

● 尊重少数民族风俗习惯。

● 部分景区需要提前预约门票。

4. 费用预算

项目	费用（每人）	备　注
租车	××～××元	经济型轿车，7天租车费用
油费	××～××元	全程约××公里
住宿	××～××元	××～××元/晚，经济型酒店
餐饮	××～××元	××～××元/天
景点门票	××～××元	主要景点门票

（续表）

项 目	费用（每人）	备 注
其他	××～××元	购物、零食等
总计	××～××元	不含往返机票

预算说明：

- 以上预算按2人分摊计算，实际费用可能因个人消费习惯有所差异。
- 旺季（7～8月、国庆）住宿和租车费用可能上涨30%～50%。
- 部分景点提供学生票、老年票等优惠。

这份攻略涵盖了云南最经典的旅游线路，既能体验古城风情，又能欣赏自然风光。自驾游可以更自由地欣赏沿途美景，但一定要注意安全驾驶。祝您旅途愉快！

3. 主题设定与风格指定

赋予AI特定身份或指定内容风格，使生成的内容更符合目标受众的需求。这种方法适用于特定场景或具有特定风格的内容，如教育、营销、娱乐等。

提示词优化前： 介绍秦始皇的功绩。

内容生成如下（节选）：

秦始皇：千古一帝的宏伟功业

秦始皇（公元前259年—公元前210年），名嬴政，是中国历史上第一位完成大一统的皇帝。他的功绩不仅改变了中国的历史进程，也为后世奠定了重要的政治、文化基础。

1. 统一六国，建立中央集权制度

- 时间：公元前230年—公元前221年。
- 过程：通过一系列军事行动，先后灭韩、赵、魏、楚、燕、齐六国。
- 意义：结束了春秋战国以来长达数百年的诸侯割据局面，建立中国历史上第一个统一的中央集权制国家。

2. 推行郡县制，加强中央控制

- 内容：废除分封制，全国划分为36郡（后增至40余郡），郡下设县。
- 意义：加强了中央对地方的控制，奠定了中国两千多年封建社会地方行政制度的基础。

3. 统一文字、货币、度量衡

- 统一文字：推行小篆，促进了文化交流和政令传达。

……

评价：

秦始皇的功绩对中国历史产生了深远影响。他开创的大一统局面和中央集权制度，为后世王朝提供了政治范本。统一文字、货币、度量衡等措施，促进了经济文化交流，加强了民族认同。然而，他的暴政也导致了秦朝的速亡。总的来说，秦始皇是一位功过参半的历史人物，他的功绩奠定了中国封建社会的基础，对中华文明的发展产生了深远影响。

> **提示词优化后**：假设你是历史老师，用生动有趣的语言向小学生讲解秦始皇统一六国的3个关键措施，每点不超过50字。

内容生成如下：

1. 打仗高手：秦始皇派大将王翦、蒙恬等，用计谋和武力，像打游戏通关一样，一共打败了六个国家！

2. 统一规则：他让全国用一样的文字、钱币和尺子，就像全班用一样的课本和文具，方便大家交流学习。

3. 修路建墙：他修了四通八达的马路和万里长城，就像建了一条条"高速公路"和"超级围墙"，保护国家安全。

4. 示例引导

提供示例，让AI模仿其风格或结构，使生成的内容更符合预期。这种方法适用于需要特定风格或结构的内容，如产品文案、故事、诗歌等。

> **提示词优化前**：请写一段宣传智能手表产品的文案。

内容生成如下：

不止于时间，更懂你的每一刻
新一代智能手表，开启智慧生活新篇章

精准健康监测：24小时心率、血氧、睡眠监测，你的私人健康管家，时刻守护你的每一分健康。

运动全能助手：内置50+运动模式，精准记录每一步、每一卡路里，助你轻松达成健身目标。

智能生活伴侣：来电提醒、消息推送、移动支付，抬手之间，掌控全局。

超长续航：一次充电，畅享7天，告别频繁充电烦恼。

时尚设计：轻薄机身，多彩表带，随心搭配，彰显个性品味。

现在入手，享受限时优惠！

智能手表，让科技融入生活，让生活更智能！

> **提示词优化后**：参考示例风格为智能手表写营销文案。[示例] 手机壳文案："像第二层皮肤一样贴合，轻若无物，却坚韧如甲。"要求：突出"续航30天"和"健康监测"功能，用比喻手法，20字以内。

内容生成如下：

> 30天持久守护，如影随形，健康尽在腕间。

5. 分阶段迭代优化

通过分阶段生成和优化，逐步细化内容，减少一次性生成的偏差。这种方法适用于需要复杂或多层次内容时，如长篇故事、研究报告等。

提示词优化前：请写一篇关于未来城市生活的科幻短篇小说。

第一轮优化：请写一篇发生在2050年的科幻短篇小说。描述一座高度智能化的未来城市，主角是一位年轻的科学家，他在探索城市中的一项新技术时遇到了挑战。

第二轮优化：请写一篇发生在2050年的科幻短篇小说，故事背景是一座高度智能化的未来城市"新亚特兰蒂斯"。主角是一位名叫艾丽的年轻女科学家，她对城市中的一项名为"神经链接网络"的新技术充满好奇。艾丽在探索这项技术的过程中，意外发现了一个可能导致整个城市陷入危机的安全漏洞，她必须在有限的时间内找到解决方案，同时面对来自技术巨头和政府机构的压力。

第三轮优化：请写一篇发生在2050年的科幻短篇小说，故事背景是一座高度智能化的未来城市"新亚特兰蒂斯"。主角是一位名叫艾丽的年轻女科学家，她对城市中的一项名为"神经链接网络"的新技术充满好奇，这项技术允许人们通过思维直接与城市的基础设施进行交互。艾丽在探索这项技术的过程中，意外发现了一个可能导致整个城市陷入瘫痪的安全漏洞。随着故事的展开，艾丽不仅要面对来自技术巨头和政府机构的压力，还要克服自己内心的恐惧和不安。在经历了一系列挑战和冒险后，艾丽最终找到了一个创新的解决方案，不仅修复了漏洞，还揭示了"神经链接网络"背后隐藏的更深层次的真相。请确保故事具有深刻的情感共鸣，并展示艾丽的成长和转变。

经过几轮提示词优化，内容生成如下（节选）：

短篇小说：《神经迷城》

第一章 新亚特兰蒂斯的晨曦

2050年，新亚特兰蒂斯，一座悬浮于太平洋上的未来之城。城市的每一寸土地都被智能系统覆盖，高耸的玻璃塔楼在阳光下闪烁着银光，街道上无人驾驶的飞行器穿梭如织。这里是人类科技的巅峰，也是艾丽的家乡。

艾丽是一名年轻的神经科学家，专注于研究"神经链接网络"——这项革命性技术允许人们通过思维直接与城市的基础设施交互。只需一个念头，你就能点亮路灯、召唤交通工具，甚至调节家中的温度。然而，艾丽对这项技术既着迷又警惕。她总觉得，这座城市的完美表象下隐藏着某种不安的暗流。

一天清晨，艾丽站在实验室的窗前，俯瞰着这座她深爱的城市。她的助手，一台名为"诺亚"的智能机器人，轻声提醒她："艾丽，今天的实验数据已经准备好了。"艾丽点点头，但她的思绪却飘向了更远的地方。

第二章　漏洞的阴影

在实验中，艾丽发现了一个异常现象：当多个用户同时通过神经链接网络发送高强度指令时，系统会出现短暂的延迟。这种延迟看似微不足道，但艾丽敏锐地意识到，这可能是一个致命的安全漏洞。如果被恶意利用，整个城市的神经链接网络可能会陷入瘫痪。

她试图向技术巨头"新纪元公司"报告这一发现，却遭到了冷遇。公司高层以"技术机密"为由，拒绝与她深入讨论。更令她不安的是，她开始收到匿名警告，要求她停止调查。与此同时，她的实验室遭到了不明身份的黑客入侵，实验数据被删除殆尽。

艾丽感到前所未有的孤独和恐惧。她意识到，自己正站在一个巨大的阴谋边缘，而这个阴谋可能关乎整座城市的命运。

......

6. 反问式提示

通过挖掘方向思维，从非传统角度切入，启发AI深入分析，生成更有深度的内容。这种方法适用于需要分析性或思考性的内容，如影评、研究报告等。

> **提示词优化前：** 写一篇关于《哪吒之魔童闹海》的影评。

内容生成如下（节选）：

打破宿命的呐喊：解构《哪吒之魔童闹海》的反叛美学

在当代国产动画电影中，《哪吒之魔童闹海》以其独特的暗黑美学和深刻的文化解构，完成了一次惊艳的蜕变。这部作品不再满足于简单的神话复述，而是以颠覆性的叙事策略，构建了一个充满现代意识的寓言世界。

一、视觉符号的现代性转译

影片在视觉呈现上大胆突破传统，将赛博朋克美学与中国古典元素完美融合。陈塘关被重构为一个充满未来感的钢铁丛林，而哪吒的形象设计则打破了观众对"红孩儿"式可爱形象的固有认知。这种视觉上的叛逆，暗示着影片在文化表达上的颠覆立场。

二、叙事结构的解构与重建

......

> **提示词优化后：** 如果要让读者理解《哪吒之魔童闹海》的争议性，影评中应重点分析哪些方面？

内容生成如下：

颠覆与争议：《哪吒之魔童闹海》的文化突围

《哪吒之魔童闹海》作为一部现象级动画电影，其引发的争议恰恰体现了它在文化创新上的突破性尝试。这些争议不仅关乎艺术表达，更触及文化传承与创新的深层命题。

一、形象设计的颠覆性

哪吒形象的"丑化"引发了最大争议。烟熏妆、鲨鱼齿的设计打破了传统审美，这种刻意为之的"反美学"处理，实际上是对"颜值即正义"的当代审美的有力反讽。争议本身反映了观众对传统文化符号现代化转译的接受困境。

二、叙事逻辑的重构

影片对传统神话故事的改写引发了不少质疑。将哪吒塑造成"魔童"，将敖丙设定为"灵珠转世"，这种角色定位的倒置挑战了观众的认知惯性。但这种重构恰恰体现了创作者对经典文本的现代性思考，使故事更具现实批判意义。

三、价值观念的冲突

"我命由我不由天"的主题表达，与传统宿命论形成强烈冲突。这种个人主义色彩的价值观，既是对当代青年精神困境的回应，也引发了关于传统文化现代转化的讨论。争议背后，是传统与现代价值观的碰撞与融合。

四、文化表达的边界

影片中大量现代元素的植入，如网络用语、流行文化的戏仿等，在增强娱乐性的同时，也引发了关于文化表达边界的讨论。这种争议反映了在全球化语境下，传统文化现代化过程中面临的普遍困境。

《哪吒之魔童闹海》的争议性，正是其文化价值的体现。它打破了观众对传统文化的固有认知，在争议中完成了对经典的现代诠释。这些争议不仅没有削弱影片的艺术价值，反而凸显了它在文化创新上的重要意义。在传统与现代的碰撞中，影片为国产动画电影的文化表达开辟了新的可能。

2.6　各领域提示词参考示例

下面归纳了多个领域常见的提示词范例，包括广告营销、教育培训、商务写作、商务社交、生活建议等，以供用户参考使用。注意，以下内容，方括号"［］"中的内容应根据实际情形进行选择或替换。

1. 广告营销类

- 根据以下［产品/服务］，分析其潜在目标受众的年龄、性别、兴趣爱好、消费习惯，并为制定营销策略提供建议。
- 为［品牌名称］创作一个简短且有吸引力的广告文案，突出品牌独特的价值主张，语气［有趣/正式/亲切］，目标受众为［特定群体］。
- 生成一篇关于［产品名称］的广告文案，突出其主要卖点（如［功能、特点、优势］），并鼓励用户立即购买或尝试。
- 为［产品名称］设计一个创意营销活动方案，包含线上线下结合的推广方式，目标是提升品牌曝光并提高销量。
- 编写一条关于［节日促销或限时折扣活动］的广告文案，吸引消费者参与并激励他们立即购买，突出折扣信息和紧迫感。

- 创作一则广告文案，旨在激发情感共鸣，围绕［某个情感话题，如家庭、爱情、友情等］，并以［品牌/产品名称］为背景。
- 编写一个短视频广告脚本，时长为30秒，主题是［产品/服务］，突出其核心功能和用户利益，并用轻松幽默的方式呈现。
- 为一位社交媒体影响者设计一条广告文案，推广［产品/服务］，要求语言自然，能有效地引起粉丝兴趣。
- 创作一篇广告文案，对比［产品A］与［竞品B］，突出［产品A］的优势，并强调其独特的卖点。
- 为［节日促销/活动］设计一条广告文案，重点突出［促销优惠、限时折扣等］，用富有创意的语言吸引消费者。
- 设计一套客户忠诚度提升策略，通过广告营销手段提升现有客户的复购率和品牌忠诚度，方案中包含奖励机制和个性化营销措施。

2. 教育培训类

- 为一门在线课程［课程名称］设计内容策划，目标是吸引［目标学员群体］参与，内容应涵盖［核心知识点］并具备互动性。
- 根据［教育场景/学科］，生成一个教学案例，展示如何通过［某种教学法或工具］帮助学生解决［具体问题］，并给出实际效果分析。
- 编写一段［学科/技能］的教学视频脚本，时长约5分钟，内容应简洁明了，易于学生理解，教学风格［生动/幽默/严谨］。
- 为［某课程/培训班］编写一篇吸引学员的推广文案，突出课程的独特价值和学员能够获得的实际成果，语气［专业/亲和］。
- 根据以下学员反馈，总结出课程改进的关键建议，帮助提升课程内容、教学质量和学员参与度。
- 为［公司名称］设计一份内训方案，主题为［员工培训内容］，结合企业实际需求，设计课程内容、学习方式和评估机制。
- 为［某课程/培训班］编写一篇吸引学员的推广文案，突出课程的独特价值和学员能够获得的实际成果，语气［专业/亲和］。
- 根据［学科/课程名称］，设计一份详细的课程大纲，包含每节课的学习目标、教学内容、时间安排及教学方法。

3. 商务写作类

- 为［主题］写一封商务邮件，内容包括［简要描述问题/请求］，语气［正式/礼貌/友好］，并在邮件结尾表达感谢。
- 根据以下会议内容，写一份简洁明了的会议记录，突出关键决策、行动项及责任人，格式简洁，便于快速查看。
- 总结以下合同的关键条款，突出主要内容和注意事项，并以简明扼要的方式提供给团队成员进行审阅。

- 为［项目名称］撰写一份项目提案书，内容包括项目背景、目标、实施计划、预期成果及预算安排，语气专业且具有说服力。
- 为［公司名称］撰写一份公司公告，内容涉及［公告事项］，语言简洁清晰，适合向员工和外部合作伙伴发布。
- 根据以下数据，为［产品/服务］撰写一份简短的市场调研报告，重点分析市场趋势、竞争情况和消费者需求。
- 根据本月销售数据，编写一份销售报告，内容包括销售业绩分析、客户反馈、市场趋势以及下月的销售预测。
- 为［公司名称］撰写一份公司简介，突出公司历史、核心业务、成就以及企业文化，语言简洁有力，适合用于宣传资料。
- 根据以下合作内容，草拟一份合作协议，条款包括［合作目标、职责分配、期限及违约责任］，语言正式且清晰。

4. 商务社交类

- 为即将举行的［行业/公司］商务会议写一段开场引导语，内容包括欢迎词、会议主题和目标，语气简洁而得体。
- 撰写一封客户关系维护邮件，内容包括问候、表达感谢及未来合作意向，语气温暖且富有建设性。
- 撰写一封合作提案邮件，内容包括合作的背景、合作形式、预期目标及双方的利益，语气专业且富有说服力。
- 撰写一段社交媒体互动回应，感谢粉丝或合作伙伴的支持并鼓励更多的互动，语气亲切而真诚。
- 为即将举行的商务晚宴写一段简短的致辞，内容包括感谢来宾、回顾过去的合作成果及展望未来的合作机会。
- 第一次参加行业峰会，请提供一些关于如何在会议中进行有效沟通和自我介绍的建议和指导。
- 提供10个适合商务场合的开场白示例，用于与陌生人建立初步联系，语气需自然亲切。
- 撰写一篇关于商务场合中必备的社交礼仪指南，包括握手、名片交换、着装和沟通的注意事项。
- 撰写一份商务小型聚会的组织方案，包括活动主题、场地选择、邀请嘉宾及互动环节安排。
- 撰写一份商务宴请的全流程指南，需包括如何选择餐厅、邀请嘉宾、席间交流的注意事项，以及结束时的礼节。

5. 生活建议类

- 给出5条有效的时间管理建议，帮助平衡工作、家庭和个人时间，提升效率并减轻压力。

- 提供一份适合减重、增强免疫力等目标的健康饮食计划，包含每天的餐单和饮食建议。
- 设计一个简单的健身计划，适合初学者，每周锻炼三次，目标是提高体能和增强肌肉。
- 给出5条帮助缓解焦虑和压力的心理健康建议，帮助人们在忙碌的工作中保持良好的心理状态。
- 为厨房新手提供5条基本的烹饪技巧。例如，如何正确切菜、选择调料，以及防止食物糊锅的方法。
- 为小户型设计一份房间清洁与收纳指南，包括如何高效整理衣物、书籍，以及清洁厨房和浴室的实用技巧。
- 设计一份适合四口之家的春节活动安排，包括美食制作、装饰房间、家人互动小游戏等。
- 帮助上班族设计一个简单的健康管理计划，包含饮食习惯、每周锻炼建议（3次30分钟有氧运动）和作息调整方案。
- 分享10个生活中省钱的小窍门。例如，如何在购物时获取折扣，优化水电使用，避免浪费食材等方法。

自己练

在对提示词概念有所了解后，接下来将通过相关练习来巩固提示词的技巧，以帮助用户快速上手操作。

练习1　编写知乎文章分享

应用场景：某知乎题主想要在知乎平台上分享自己对"年味变淡"看法，那么就可以使用AIGC工具辅助起草文章框架，为题主带来写作灵感。要使用AIGC工具撰写通知类文档，用户可按照以下步骤进行操作。

> **提示词**：请以"年味"为主题，写一篇关于春节文化的变迁与传承方式。用于知乎平台文章分享。

内容生成如下：

年味的变与不变：一场跨越时空的文化对话

春节，这个绵延千年的文化符号，正在经历一场静默的变革。当我们感叹"年味变淡"时，是否思考过：年味究竟是什么？是鞭炮的硝烟，是春联的墨香，还是一家人围坐的温暖？

一、消逝的仪式：被时代淘汰的旧俗

鞭炮禁令的推行，让许多城市失去了听觉上的年味。近年来，全国烟花爆竹销量持续下降，许多家庭选择用电子鞭炮或环保替代品庆祝春节。春联的书写者从街坊老先生变成了印刷厂，手写的温度被机器的精准取代。这些变化看似是年味的流失，实则是城市化进程中不可避免的文化调适。

二、新生的传统：科技时代的春节仪式感

短视频平台的拜年视频、微信的"抢红包大战"、网购年货的便捷，这些新习俗正在重塑春节的形态。数字红包的普及和线上拜年的流行，成为现代春节的重要组成部分。这些数字化的新年俗，既是传统的延续，也是创新的表达。

三、永恒的内核：跨越时空的情感联结

在变化的表象之下，春节的核心价值始终未变。家人团聚的渴望、对美好生活的期盼、辞旧迎新的仪式感，这些才是年味的真正内核。每年春运期间，数以亿计的人们踏上归途，这份"回家"的执着，正是年味最有力的证明。

四、传承的创新：让传统活在当下

故宫文创的"紫禁城里过大年"、B站的"拜年纪"、抖音的"云过年"活动，这些创新实践证明：传统不是博物馆里的展品，而是可以与时俱进的文化基因。各大平台的春节主题内容受到广泛关注，展现了传统文化在数字时代的强大生命力。

年味的变迁，不是传统的消亡，而是文化的进化。在这个快速变迁的时代，我们需要用更开放的心态看待春节习俗的变化，用更创新的方式传承文化基因。让年味在变与不变中找到平衡，让传统在现代生活中焕发新生。这才是我们这一代人对春节最好的致敬。

今年春节你是怎么过的？欢迎在评论区与我分享，让我们一起探讨春节文化的过去与未来。

练习2 生成发布朋友圈的文案

应用场景：周末去户外爬山，在山顶看着远处的风景，顿时感觉轻松、愉快，所有烦恼都烟消云散。想用朋友圈来记录此时此刻的心情。

> **提示词**：以"周末爬山"为主题，生成一段用于发布朋友圈的文案，以抒发轻松快乐、烦恼消失的心情。

内容生成如下：

> 周末逃离城市的喧嚣，背上行囊去爬山。
> 一路向上，山风轻拂，阳光洒在脸上，所有的烦恼仿佛都被风吹散了。
> 站在山顶，俯瞰脚下的风景，心中只剩下宁静与快乐。
> 生活就该这样，偶尔放空自己，回归自然，找回最简单的快乐。

练习3 创作短篇故事梗概

应用场景：某作者要编写一部科幻短篇小说，现需使用AIGC工具协助起草故事梗概。

提示词：请帮我设计一个科幻短篇故事梗概，包含背景设定、主要人物、故事主线、主题探讨、创新点等内容。

内容生成如下：

故事梗概：《记忆重构师》

1. 背景设定

22世纪末，人类掌握了记忆数字化技术，记忆可以被提取、编辑、存储和交易。一个新兴职业——"记忆重构师"应运而生，他们专门为客户修改或创造记忆。

2. 主要人物

- 林深：顶尖记忆重构师，因一次事故失去了自己的部分记忆。
- 艾琳：神秘女子，带着一段被加密的记忆前来求助。
- 莫教授：记忆科技创始人，林深的导师。

3. 故事主线

- 神秘委托：艾琳带着一段被加密的记忆找到林深，希望他能破解并重构这段记忆。这段记忆被多重加密，手法与莫教授如出一辙。
- 记忆迷宫：在破解过程中，林深意外发现这段记忆与自己的过去有关。他开始怀疑自己的记忆是否也被篡改过。
- 真相浮现：随着调查深入，林深发现莫教授一直在秘密进行非法记忆交易，而自己和艾琳都是实验品。艾琳的记忆中藏有揭露真相的关键证据。
- 记忆之战：莫教授派人追杀林深和艾琳。在逃亡过程中，林深不得不冒险进入自己的记忆深处，寻找被隐藏的真相。
- 终极抉择：最终，林深找回了被删除的记忆，揭露了莫教授的阴谋。但他面临一个艰难的选择：是保留残酷的真相，还是用技术创造美好的虚假记忆？

4. 主题探讨

- 记忆与身份认同的关系。
- 科技伦理与人性的博弈。
- 真实与虚假的界限。

5. 创新点

- 将记忆具象化为可探索的数字空间。
- 引入记忆加密与破解的技术设定。
- 探讨记忆商业化带来的社会问题。

6. 故事长度：约8000～10000字

这个故事融合了科幻、悬疑和伦理探讨，通过记忆科技这一设定，探讨了人性、真实与虚假等深刻主题。故事情节紧凑，充满反转，适合改编为短篇小说或科幻短片。

练习4 制定电商活动营销策略

应用场景：年底促销活动中，销售员通过AIGC工具协助制定一些折扣活动来吸引消费者，以增加产品销售量。

提示词： 在年底促销季中，如何通过电商平台的限时折扣活动吸引更多的消费者？

内容生成如下：

在年底促销季，通过电商平台的限时折扣活动吸引消费者是一个非常有效的方式。以下是一些策略，可以帮助你优化限时折扣活动并最大化吸引力。

1. 精准的折扣策略设计

● 限时秒杀和闪购：在特定时段推出大幅度的秒杀和闪购活动，利用限时性质制造紧迫感，促使消费者迅速做出购买决策。

● 满减优惠：设置满减优惠，如满100减20，满200减50等，这种方式可以激励消费者购买更多商品。合理设置门槛，吸引消费者增加购买量。

● 买赠活动：除了直接折扣，可以设计"买一赠一"或"买多赠多"的活动。例如，购买两件商品，赠送一件相同商品或赠品，这样能提高消费者的购买欲望。

2. 制造紧迫感和稀缺感

● 倒计时功能：在产品页面或者广告中显示限时优惠的倒计时，让消费者感受到时间的压力，促使他们尽快下单。

● 库存限制：展示剩余库存量，使用"仅剩××件"或"仅限××名顾客"的字眼，这可以引发消费者的抢购心理。

● 限量抢购：推出限量款或限量特价商品，吸引消费者为了避免错过而迅速购买。

3. 社交证明与用户评价

● 展示热销商品和用户评价：在限时折扣活动中，展示热销产品或用户评价，增强产品的可信度和购买欲望。通过"已有××人购买"或"用户好评率99%"来提升信任度。

● KOL和网红代言：与知名的KOL或网红合作，让他们为你的限时折扣活动造势，利用他们的粉丝基础迅速提升活动的曝光率。

4. 优化商品展示和广告设计

● 视觉冲击力强的促销页面：确保折扣信息在商品页面显眼的位置，使用醒目的"限时折扣""秒杀价"等字眼，吸引消费者的眼球。

● 动态展示促销信息：在广告、海报和推送通知中，加入动效和图标，如倒计时和闪烁的折扣标签，让促销信息更加突出。

5. 精确的营销渠道选择

● 精准投放广告：通过电商平台的广告系统，使用大数据分析精准投放广告给潜在消费者群体。例如，设置性别、年龄、消费行为等筛选条件，确保广告覆盖的用户是最可能转化为购买者的人群。

- 跨平台联动：将限时折扣活动与其他平台联动，比如社交媒体平台、微信、抖音等，通过多渠道宣传活动，提高曝光度。

6. 会员专享福利

- 会员提前抢购：为会员提供提前抢购的机会，这不仅能提高会员的忠诚度，还能让消费者感受到独特的优待。
- 积分奖励与优惠券：通过购买限时折扣商品赚取积分或兑换优惠券，鼓励消费者进行二次购买。

7. 个性化推荐与定向推送

- 智能推荐系统：利用电商平台的推荐算法，向已经有过购买记录或浏览历史的用户推送限时折扣商品。这样能确保促销活动触及到最相关的消费者。
- 定向推送短信与通知：通过用户的购买偏好和行为历史，定向推送个性化的限时折扣信息，增加转化率。

8. 打造节日氛围

- 节日主题的活动策划：通过节日主题包装和活动策划，比如"圣诞大促""年终清仓"，配合限时折扣活动，提升消费者的购物兴趣，增强节日的购物氛围。
- 特殊的节日礼品包装：推出节日专属的包装和礼盒，增加节日的情感附加值，吸引消费者购买赠送礼品。

9. 精细化的客服与售后保障

- 快速响应和售后保障：限时折扣活动期间，消费者对于订单的处理和售后服务的要求会更高。确保客服能及时回应消费者的疑问，并提供完善的售后保障，增加用户的购买信心。
- 无忧退换货政策：提供无忧退换货服务，让消费者在购买时没有后顾之忧，增强他们的购买动力。

10. 利用数据反馈及时优化

实时数据监控：在活动进行过程中，实时监控销售数据、流量来源和消费者行为，根据数据及时调整策略，优化折扣力度、广告投放和活动内容。

通过执行这些精心设计的策略，可以提高限时折扣活动的吸引力，增加消费者的参与度和购买转化率。在竞争激烈的年底促销季，及时制造出独特的消费体验，帮助品牌脱颖而出，获得更多的关注和销量。

AIGC

第3章

文案创作：
AIGC助力文案创作

内容导读

AIGC技术在文案创作中展现出强大的潜力，能够大幅提升创作效率和内容质量。通过精准的提示词，可以快速生成符合目标受众需求的文案，无论是广告文案、社交媒体内容还是产品描述。本章将详细介绍AIGC在各类文案场景中的应用，探讨其核心价值与实际应用效果。

要点与难点

- 文案的种类
- AIGC写作的流程
- AIGC常见写作工具

跟我做 撰写关于民生类的新闻稿

新闻稿属于宣传类文章，这种类型的文章具有极强的时效性、客观性、简洁性以及引导性4个特点。它是一种用于向媒体、公众或特定人群传递最新信息、事件或公告的文章。通过媒体渠道广泛传播，以达到宣传、告知或引导舆论的目的。

下面以2月14日结婚登记预约火爆的现象为例，介绍如何利用DeepSeek生成新闻初稿。

> **提示词：** 撰写一篇关于2025年2月14日结婚登记线上预约火爆的新闻稿，内容分析为何这一日期特别受欢迎，探讨社会背景、文化习俗及年轻人选择该日期登记结婚的原因。用语需简洁且正式。

内容生成如下：

爱你爱我，爱一世：2025年2月14日，新人争相预约的"天选之日"

2025年2月14日，星期五，农历正月十七，这一天，全国各地结婚登记处预约火爆，许多城市早已"一席难求"。这个看似普通的日子，为何成为新人眼中的"香饽饽"？背后折射出怎样的社会文化现象？

浪漫与实用兼具：2025年2月14日"天时地利人和"

情人节加持，浪漫寓意不言而喻。2月14日西方情人节早已深入人心，成为表达爱意的专属节日。选择这一天登记结婚，无疑是给爱情增添了一份浪漫的仪式感。

"双春兼闰月"，传统习俗中的好兆头。2025年恰逢农历"双春年"，即一年中有两个立春节气，民间认为这是结婚的"好年份"。再加上农历正月十七"宜嫁娶"的黄道吉日，更让这一天锦上添花。

"2""5"谐音"爱""我"，数字寓意美好。年轻人追求个性化和仪式感，对数字寓意也格外看重。"2025"谐音"爱你爱我"，"2月14日"更是"爱一世"的浪漫承诺，这些美好寓意都成为选择这一天登记结婚的理由。

社会背景与时代变迁：年轻人婚恋观的转变

追求仪式感，注重情感表达。随着物质生活水平的提高，年轻人更加注重精神层面的追求，渴望在重要的日子留下难忘的回忆。选择特殊日期登记结婚，正是他们追求仪式感、表达爱意的一种方式。

婚姻观念更加开放，选择更加自主。相较于过去，当代年轻人对婚姻的态度更加开放和理性，他们更注重婚姻的质量，而非单纯追求婚姻的形式。选择在寓意美好的日子登记结婚，也体现了他们对婚姻的美好期许和慎重态度。

互联网时代，信息传播加速流行趋势。社交媒体的普及，使得信息传播速度加快，一些特殊日期登记结婚的"潮流"更容易在年轻人群体中形成共鸣和跟风效应。

2025年2月14日结婚登记火爆现象，是多种因素共同作用的结果。它既体现了年轻人对浪漫爱情的追求，也反映了社会文化习俗的传承与发展，更折射出时代变迁下年轻人婚恋观的转变。

专家建议： 面对结婚登记高峰，相关部门应提前做好预案，提供更加便捷、高效的服务，同时引导新人理性看待结婚日期，避免盲目跟风。最重要的是，无论选择哪一天登记结婚，都要用心经营婚姻，才能收获真正的幸福。

思考题

选择你感兴趣的一则新闻报道，使用AIGC工具设计好提示词，将其生成一份新闻稿。

?

一起学

文案是一种以文字为载体的创作形式，目的是通过精准、创意和有吸引力的表达，传递信息并引导受众采取行动。它不仅是商业传播的重要工具，也是品牌与用户之间沟通的桥梁。下面将对文案写作的基础知识进行简单介绍。

3.1 文案的特点

优秀的文案都具备明确的目标、简洁的表达和强烈的行动引导。它像一座桥梁，连接品牌与用户；在传递信息的同时，也激发行动。文案的主要特点如下。

- **目的明确：** 文案具有明确的目的，比如提升品牌知名度、促进销售、增加用户互动等。它不是为了写而写，而是为了实现特定的商业或传播目标。
- **受众导向：** 围绕目标受众的需求、痛点和兴趣展开。通过讲故事、使用感性语言等方式，拉近品牌与用户的距离，引发共鸣。
- **简洁有力：** 语言精练，能够在短时间内抓住受众的注意力。
- **创意表达：** 通过新颖的表达方式吸引受众。
- **灵活多样：** 形式和风格根据传播渠道、受众需求和品牌调性灵活调整。无论是长文案还是短文案，感性还是理性，都可以根据目标进行设计。
- **数据支持：** 通过数据增强说服力，尤其是销售型文案或报告类文案。
- **行动引导：** 有明确的行动号召，比如"立即购买""点击了解更多"等，引导用户采取行动。

3.2　文案的种类

文案的类型有很多，包括办公型文案、销售型文案、品牌型文案、传播型文案，以及其他类型文案。如图3-1所示为文案种类引导图，下面将分别对文案类型进行说明。

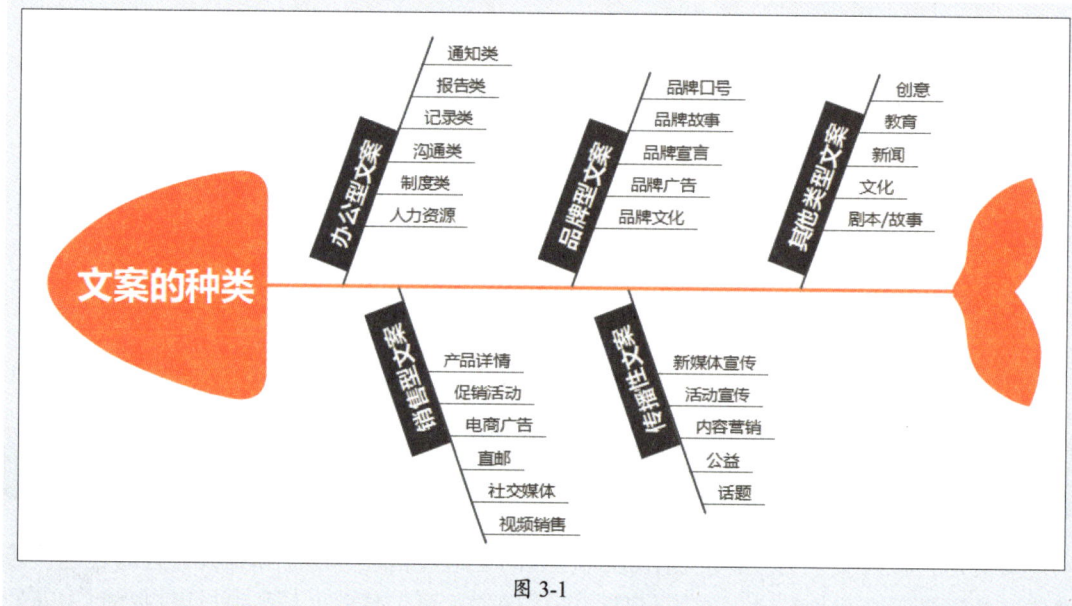

图 3-1

1. 办公型文案

办公型文案属于企业内部管理和日常工作的文案种类，主要服务于信息传递、任务执行和决策支持。与其他类型的文案相比，该类型文案较为正式、简洁，逻辑清晰，注重准确性和实用性。

- **通知类文案：** 用于传达企业政策、会议安排等信息，如会议通知、放假通知等。
- **报告类文案：** 用于汇报工作进展、分析问题或提出建议，如2025年第一季销售报告、××项目汇报等。
- **记录类文案：** 用于记录会议内容、任务分配等，如会议纪要。
- **沟通类文案：** 用于企业内部、外部沟通文件，如邀请函、商务函、备忘录等。
- **制度类文案：** 用于制定公司内部的管理制度和行为规范，如企业员工守则等。
- **人力资源类文案：** 用于企业招聘、绩效考核、企业培训等文件，如招聘启事、培训材料等。

2. 销售型文案

销售型文案是一种以促成交易为目的的文字内容，旨在通过清晰的产品介绍、突出的卖点以及明确的行动号召，引导用户完成购买行为。它通常出现在广告、产品页面、促销活动等场景中，是商业营销的重要组成部分。

- **产品详情文案：** 用于详细介绍产品的功能、特点和使用场景，帮助用户了解产品并做出购买决策。

- **促销活动文案**：通过限时优惠、折扣等方式刺激用户立即购买。
- **电商广告文案**：用于电商平台的广告，吸引用户点击并购买。
- **直邮文案**：通过邮件或传单直接向用户推销产品。
- **社交媒体文案**：在社交平台上通过简短有力的内容吸引用户购买。
- **视频销售文案**：通过视频脚本的形式展示产品特点，引导用户购买。

3. 品牌型文案

品牌型文案是一种以传递品牌价值为目的的文字内容，旨在通过情感共鸣、创意表达以及品牌故事的叙述，塑造品牌形象，增强用户对品牌的认知和忠诚度。它通常出现在品牌广告、品牌口号、品牌故事等场景中。

- **品牌口号文案**：使用简短有力的句子，传递品牌的核心价值。
- **品牌故事文案**：用于讲述品牌的创立背景、理念或使命，与用户建立情感连接。
- **品牌宣言文案**：通过一段文字表达品牌的使命、愿景或价值观。
- **品牌广告文案**：通过广告传递品牌理念，而非直接推销产品。
- **品牌文化文案**：传递品牌的文化内涵和个性，增强用户的认同感。

4. 传播性文案

传播型文案是一种以扩大影响力为目的的文字内容，旨在通过吸引用户关注、与用户互动或鼓励用户参与，提升品牌的知名度、美誉度或社会影响力。它通常出现在社交媒体、活动宣传、内容营销等场景中。

- **新媒体宣传文案**：用于微博、微信、抖音等新媒体平台，吸引用户互动分享。
- **活动宣传文案**：用于推广线下或线上活动，吸引用户参与。
- **内容营销文案**：通过提供有价值的内容吸引用户关注，而非直接推销产品。
- **公益文案**：呼吁公众关注社会问题或参与公益活动。
- **话题文案**：通过制造热门话题，引发用户讨论和传播。

5. 其他类型文案

除了以上文案类型外，还有其他一些文案因其独特的应用场景和目标而独立存在，如创意表达、教育培训、新闻报道、文化传播等，它们具有多样化的形式和功能。

- **创意文案**：以创意为核心，通过新颖的表达方式吸引受众，常见于广告、艺术项目或文化活动。该文案比较注重艺术性、趣味性和独特性。
- **教育文案**：用于教育培训领域，传递知识或技能，常见于课程介绍、学习资料等。该文案内容专业、逻辑清晰，注重知识传递。
- **新闻文案**：用于新闻报道或媒体发布，传递最新信息或事件。该文案具有内容客观、准确，注重时效性等特点。
- **文化文案**：用于文化传播或艺术项目，传递文化价值或艺术理念。该文案比较注重文化内涵和艺术性，语言富有诗意。
- **剧本/故事文案**：用于影视、戏剧或游戏等，讲述故事或情节发展。该文案注重叙事结构和角色塑造，语言生动。

3.3 AIGC对比传统写作

与传统写作相比，AIGC写作在效率、成本、速度、自动化方面表现突出，更适合需要大量快速创作和重复性写作任务。而传统写作则在创意、深度、个性化方面具有优势，能够提供更高质量且独特的视角，适合需要思考、个性表达、情感共鸣的创作。这两种方式各有各的优势。

1. 速度和效率

AIGC写作：可以显著提高写作的效率。人工智能可以在短时间内生成大量文本，且速度非常快。对于需要大量文字或快速更新的场景（如新闻、社交媒体内容等），AIGC可以立刻提供初步的文案，大大缩短创作周期。

传统写作：通常需要更多时间进行思考、构思、草拟和修改。尤其是创作要求较高的文章（如长篇报告、学术论文等）时，速度和效率较低。

2. 灵活性和创意性

AIGC写作：可以根据输入的关键词或指令，生成多种不同风格和结构的文本。在创作过程中，它可以根据大量数据进行训练，模仿不同风格的写作方式，如幽默、正式、轻松、学术等，这为用户提供了多种创意输出的可能性。

传统写作：往往具有更高的个性化和创造性，尤其在涉及复杂思考、情感表达、独特见解的写作中，人工智能目前还难以超越人类的创意和深度。人类作家能够在写作中加入更多独特的思考和主观体验，从而产生更有深度的作品。

3. 一致性与可重复性

AIGC写作：在语言一致性和风格控制方面表现得非常出色。对于需要大量重复性文本场景（如产品描述、简单新闻稿等），AIGC可以确保一致性，减少人为写作中的偏差。

传统写作：可以根据具体的受众和情境来调整语气、风格和内容。虽然这可能导致一定的不一致，但也赋予了文章更高的定制性和适应性。

4. 创作范围与多样性

AIGC写作：可以快速应对各种不同类型的文本需求，从短篇文案到长篇报告，都可以在短时间内生成。它能够涵盖从技术写作、广告文案到文学创作等广泛领域。

传统写作：传统写作依赖于作家的经验和技能，对于复杂的专业领域或深度思考类的文章，传统写作更具优势。特别是在需要深入分析、创意表达、长篇构思时，传统写作往往更具深度和独特性。

5. 个性化和定制化

AIGC写作：通过与用户的互动，AIGC可以根据个人或品牌的需求，进行个性化的写作。例如，某些AIGC工具可以学习用户的写作风格或口吻，并根据其特点生成符合用户要求的文本。

传统写作：能够根据具体情境、文化背景、受众群体的需求进行高度定制。例如，作家可以根据深入的市场研究和受众分析，精确调整文章的内容与风格，以更好地与受众建立情感联系。

6. 学习与改进

AIGC写作：通过不断学习用户的反馈和数据，能够优化其写作能力和内容质量。例如，它可以根据用户的纠正和修改，逐步提高生成文本的准确性和创意性。

传统写作：传统写作过程中的学习依赖于作家的经验积累和写作技巧的提升。作家的创作能力在长时间的训练和实践中得到提升，具有较强的自主性和创新性。

3.4　AIGC写作的流程

合理安排AIGC写作流程可以得到更贴合实际需求的文章内容。图3-2所示为写作流程示意图。

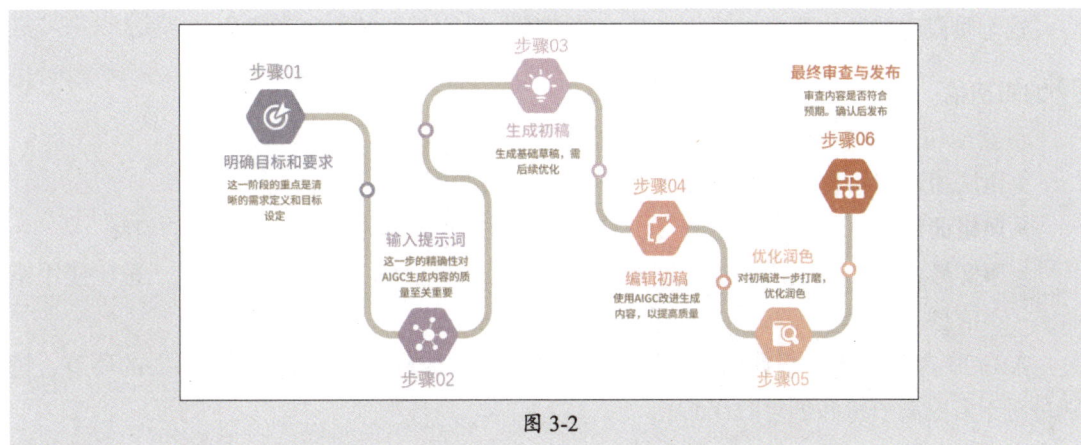

图 3-2

1. 明确目标和要求

在使用AIGC工具之前，明确写作目的和需求是至关重要的第一步。这一步非常重要，因为它决定了AIGC生成内容的方向和质量。

- **目标受众**：明确内容是面向大众、专业人士，还是特定兴趣群体。
- **内容类型**：确定是撰写广告文案、社交媒体帖子、报告、博客文章、产品描述还是其他类型的内容。
- **文风要求**：选择正式、轻松、幽默、学术或其他风格。
- **关键点**：确定需要强调的重点或核心信息。

这一阶段的核心在于清晰地定义需求和设定目标。

2. 输入提示词

输入提示词是AIGC写作的核心步骤。在这个阶段，用户需要向AIGC系统提供必要的内容信息。

- **主题或关键词**：通过这些信息生成与主题相关的内容，如"低糖冰咖啡广告文案"或"现代简约风格室内设计。"

- **样式或格式要求**：可以要求AIGC生成一种具体风格的文案，如"幽默风格"或"学术严谨"。
- **长度要求**：明确希望生成内容的字数范围，如短文、长文、简短回答等。
- **参考资料或背景信息**：如果有相关资料、数据或特别要求，也可以作为背景输入，帮助AIGC生成更精准的内容。

这一步的精确性对AIGC生成内容的质量至关重要。

3. 生成初稿

一旦输入了所有必要的指令和信息，AIGC会根据这些输入生成初稿。这个过程是自动化的，基于深度学习模型和海量的训练数据，系统能够在短时间内完成。

- **初稿生成**：AIGC会分析用户需求和关键词，结合语言模式和上下文生成相应的内容。
- **多样性输出**：有的AIGC工具会提供多种写作风格或内容版本，用户可以根据需求选择最合适的版本。

这个阶段生成的内容通常是一个基础的草稿，需要后续的修正和优化。

4. 编辑初稿

虽然AIGC生成的内容已经具有一定的质量，但仍需要人工干预和调整。

- **语法和逻辑检查**：确保内容没有语法错误，逻辑清晰，信息流畅。
- **风格调整**：根据需求调整语气、风格和表达方式，确保符合目标受众的口味。
- **事实核查**：如果生成的内容涉及具体数据或事实，需要核实其准确性，避免使用错误信息。

AIGC工具通常能够根据用户的反馈进一步改进生成内容，但编辑仍是必要的环节，特别是对于需要高质量和创意的作品。

5. 优化润色

编辑之后，在优化和润色阶段再进一步打磨文本，使其更加自然、流畅和吸引人。

- **精练语言**：去除冗余的词汇，使句子更加简洁有力。
- **增强表现力**：加强内容的吸引力，加入有力的呼吁语或情感色彩，特别是广告文案等需要情感共鸣的文案。
- **关键词优化（SEO）**：如果是为了SEO优化而写作，需要确保关键词是自然融入，以提高搜索引擎的排名。

这一阶段是将AIGC初稿变成高质量最终稿的关键步骤。

6. 最终审查与发布

这一步是确认内容没有问题后，准备发布或提交。

- **内容符合目标**：确保生成的内容达到了最初设定的目标和要求。
- **品牌一致性**：确保文案符合品牌的语调和形象，特别是在商业写作中。
- **合规性检查**：确保没有涉及不当的内容，特别是广告或涉及法律的文案，需要遵循相关的法律法规。

审查通过后，内容就可以发布或提交给目标受众了。

3.5　AIGC常见写作工具

AIGC写作工具有很多，除了DeepSeek、文心一言、豆包等常见的工具外，还有一些较为专业的写作类工具，例如新华妙笔、笔灵AI写作等，如表3-1所示。

表 3-1

工 具	简 介
DeepSeek	DeepSeek的写作功能也很强大，它具备文本生成、语言润色、写作风格模仿、创意协作、事实核查、互动式写作等功能，无论是学术写作、商业文案还是文学创作，都能得到相应的帮助和提升
文心一言	具备与人对话互动、解答疑问、辅助创作的能力，同时能撰写文案、激发创意灵感。文心一言依托百度强大的技术实力和丰富的数据资源，能够生成高质量、符合用户需求的文本内容
豆包	出自字节跳动之手，是一款功能多样的人工智能助手。它提供了写作助手、文章修改等文本生成相关功能。其应用广泛，能够大幅提升用户的内容写作效率
新华妙笔	新华网推出的一款基于人工智能技术的写作辅助工具，它主要利用自然语言处理技术来生成文章、优化语句、进行文稿修改等，适用于各类写作需求，如新闻稿、广告文案、报告、论文等
笔灵AI写作	由笔灵科技推出的一款人工智能写作工具，它可以广泛应用于各类写作需求，包括文案创作、文章生成、报告编写、广告设计等，尤其适合职场人士、营销人员、内容创作者等群体
讯飞公文	科大讯飞推出的一款专注于政府机关和企事业单位公文写作的AI工具。它结合了自然语言处理和人工智能技术，旨在提高公文写作的效率和质量，特别适用于正式公文、政策文书、报告、会议纪要等的生成和修改
度加创作	面向普通用户的AI写作工具，其核心功能包括AI成文（图文合成和文字生成）等。这个工具降低了内容制作的门槛，提升了创作效率，是商业领域中极为实用的文本生成工具，已有大量创作者借助其AIGC技术创作出丰富作品

自己练

在了解了一些文案写作基础后，接下来将针对不同的文案类型来做相应的练习。

练习1　生成元旦放假通知文案

通知是一种用于传达信息、告知消息的行文形式。它通过文字、口头或其他形式，向特定的个体、群体或公众发布重要且相关的事务消息和指示。通知具有多样性、时效性和受文对象明确性3个特点。

要使用AIGC工具来撰写通知类文档，用户可按照以下步骤操作。

步骤 01 需明确通知类型，如放假通知、会议通知、活动通知等。

步骤 02 了解通知相关信息，如时间、地点、参与人员、具体要求等。

步骤 03 输入指令或提示词。向机器提供详细的背景信息和具体要求，如通知标题、发文机关、主送机关、成文日期、具体内容及注意事项等。同时，还需设定好通知的语气和风格，如正式、简洁、友好等。

步骤 04 检查并完善初稿。初稿生成后，需检查内容是否符合预期，确保准确无误。然后根据实际需求对内容及格式进行调整和优化，以保证通知的完整性和专业性。

下面将利用DeepSeek工具生成××院校关于元旦放假的通知文案。

> **提示词**：请根据提供的信息，使用正式且规范的语气生成一份元旦放假安排通知。
>
> 标题：关于2025年元旦放假安排的通知
>
> 发文机关：××学院办公室
>
> 主送机关：全校师生
>
> 成文日期：2024年12月25日
>
> 通知内容：放假时间1月1日（星期三），放假1天，不调休。
>
> 工作要求：1.放假期间务必安排好专人值班，并于12月30日18:00前将值班表发送至行政老师邮箱；2.做好安全教育工作；3.自觉做到廉洁自律。

内容生成如下：

关于2025年元旦放假安排的通知

全校师生：

根据国务院办公厅关于2025年元旦放假安排的通知精神，结合我校实际情况，现将2025年元旦放假安排通知如下。

一、放假时间

2025年1月1日（星期三）放假，共1天。本次放假不调休。

二、工作要求

1. 做好值班安排。各部门、各单位要妥善安排好放假期间的值班工作，确保信息畅通。请于2024年12月30日18:00前将值班表发送至行政老师邮箱（邮箱地址：××××@qq.com）。

2. 加强安全教育。各部门、各单位要在放假前对师生进行一次安全教育，增强安全防范意识，做好防火、防盗、防诈骗等工作，确保人身和财产安全。

3. 严守廉洁纪律。全体师生要严格遵守中央八项规定精神，自觉做到廉洁自律，杜绝"节日腐败"，营造风清气正的节日氛围。

三、其他事项

放假期间，如遇重大突发事件，要按规定及时报告并妥善处置。

特此通知。

××学院办公室

2024年12月25日

练习2 生成服装销售工作总结

总结类文案是对过去某一阶段的工作、学习或思想情况进行分析和回顾，从而为今后的工作提供帮助和借鉴的一种文章。

使用AIGC工具生成总结类文档，可按照以下步骤操作。

步骤01 明确总结目标，如月度总结、项目总结等。

步骤02 输入明确的指令和具体的大纲结构，如"生成一份月度工作总结，涵盖项目进展、问题与解决方案、未来计划"。

步骤03 生成初稿并检查调整。生成初始文档后，用户需要检查内容是否符合预期，必要时调整提示词重新生成文章。

步骤04 优化内容和格式。用户需要根据实际情况修改内容，尤其是数据，以确保内容的准确性。同时调整文章格式，确保文章清晰易读。

下面将利用DeepSeek工具生成一份服装销售工作总结文章（仅为初稿）。

> **提示词：** 请根据提供的文章大纲，撰写一份2025年1月份服装销售的业绩总结，分析销售数据，提出改进建议。大纲内容如下：
>
> 1. 引言
> 2. 销售业绩回顾
> 3. 销售数据分析
> 4. 存在的问题
> 5. 改进不足
> 6. 未来展望

内容生成如下：

2025年1月份服装销售业绩总结

1. 引言

2025年1月，服装销售进入年初的关键阶段。在寒冷的冬季天气推动下，本月的销售表现较为活跃，促销活动的推动作用显著。通过对销售数据的综合分析，本报告将全面回顾1月销售情况，并对存在的问题提出改进建议，为下一步的销售策略提供参考。

2. 销售业绩回顾

1月份，公司服装销售总额为××万元，同比增长××%，环比增长××%。其中，线上销售额占比××%，线下销售额占比××%。

各品类销售情况：

品类一	销售额××元	同比增长××%	占总销售额××%
品类二	销售额××元	同比增长××%	占总销售额××%
品类三	销售额××元	同比增长××%	占总销售额××%

......

各渠道销售情况：

渠道一	销售额××元	同比增长××%	占总销售额××%
渠道二	销售额××元	同比增长××%	占总销售额××%
渠道三	销售额××元	同比增长××%	占总销售额××%

......

3. 销售数据分析

- 同比增长分析：1月份销售额同比增长××%，主要得益于××（例如，新品上市、促销活动、市场需求增加等）。
- 环比增长分析：1月份销售额环比增长××%，主要原因是××（例如，春节假期消费拉动、冬季服装需求旺盛等）。
- 品类分析：××（品类一）表现突出，销售额同比增长××%，主要原因是××（如款式新颖、性价比高、市场需求大等）。××（品类二）和××（品类三）销售额有所下降，原因在于××（如款式陈旧、价格偏高、市场竞争激烈等）。
- 渠道分析：××（渠道一）销售额占比最大，同比增长××%，主要原因是××（如平台流量大、用户黏性高、营销推广力度大等）。××（渠道二）和××（渠道三）销售额占比相对较小，原因在于××（如平台流量有限、用户群体不匹配、营销推广力度不足等）。

4. 存在的问题

- 产品方面：部分款式陈旧，缺乏创新；产品质量不稳定，退货率较高；库存结构不合理，畅销款缺货，滞销款积压等。
- 价格方面：部分产品定价偏高，缺乏竞争力；价格体系混乱，促销活动频繁等。
- 渠道方面：线上渠道流量成本高，转化率低；线下门店客流量减少，体验感差等。
- 营销方面：营销推广方式单一，效果不佳；缺乏品牌影响力，用户忠诚度低等。

5. 改进不足

- 产品方面：加强市场调研，开发符合消费者需求的创新产品；严格控制产品质量，降低退货率；优化库存管理，提高库存周转率。
- 价格方面：制定合理的定价策略，提高产品性价比；规范价格体系，避免频繁促销。
- 渠道方面：拓展新的线上渠道，降低流量成本；优化线下门店布局，提升用户体验。
- 营销方面：整合线上线下资源，开展精准营销；加强品牌建设，提升品牌知名度和美誉度。

6. 未来展望

展望未来，我们将继续坚持××经营理念，以市场需求为导向，以消费者为中心，不断优化产品结构，提升产品质量，完善价格体系，拓展销售渠道，加强品牌建设，努力实现××目标。

相信，在全体员工的共同努力下，我们一定能够克服困难，迎接挑战，再创佳绩！

练习3 生成非遗文化艺术节活动策划方案

　　活动策划类文案是指为某一具体活动制定的详细计划和实施方案，目的是确保活动的顺利进行并达到预定的目标。它具有目标明确、可操作性强、创意突出、风险预见、评估机制等特点，是职场常见的办公类文案的一种。

　　使用AIGC工具生成策划类文档，可按照以下步骤操作。

步骤 01 明确策划类型，如活动策划、项目策划等。

步骤 02 确定受众范围，如客户、上级领导、赞助商、公众等。

步骤 03 输入明确指令并提供主要生成内容（结构大纲），如活动背景、目标、可行性分析、行动分析等。

步骤 04 生成初稿，并优化初稿内容。根据提示词生成初稿，浏览初稿内容，并根据实际需求优化完善初稿，确保方案的准确性和完整性。

　　下面将使用DeepSeek工具生成非遗文化艺术节活动策划案（仅为初稿）。

> **提示词：** 假设你是一名活动策划专家，请以"非遗文化艺术节"为主题，策划一份活动策划方案。方案需包含活动背景、活动目标、可行性分析、行动计划、风险与应对措施等相关内容。

　　内容生成如下：

非遗文化艺术节活动策划方案

一、活动背景

　　非物质文化遗产（非遗）是民族文化的重要组成部分，承载着历史记忆和传统智慧。随着现代化进程的加快，许多非遗技艺面临失传的风险。为弘扬传统文化，增强公众对非遗的认知和保护意识，特策划举办"非遗文化艺术节"，通过展示、体验和互动，让更多人了解非遗的魅力。

二、活动目标

- 文化传承：展示非遗技艺，促进传统工艺的传承与发展。
- 公众参与：通过互动体验，增强公众对非遗的兴趣和认知。
- 品牌打造：打造具有影响力的非遗文化品牌，推动文旅融合。
- 经济效益：通过非遗产品展销，带动地方经济发展。

三、可行性分析

- 政策支持：国家对非遗保护高度重视，相关政策为活动提供了支持。
- 资源基础：地方非遗资源丰富，传承人和技艺种类多样。
- 市场需求：公众对传统文化的兴趣日益增长，非遗体验活动具有吸引力。
- 合作潜力：可与文旅部门、非遗传承人、企业等合作，整合资源。

四、行动计划

1. 活动主题

主题名称："传承与创新——非遗文化艺术节"

口号："守护文化根脉，点亮非遗之光"

2. 活动时间与地点

时间：2025年10月1日—10月7日（共7天）

地点：××市文化广场及周边街区

3. 活动内容

- 非遗展示区：展示传统技艺（如剪纸、刺绣、陶艺等），邀请传承人现场演示。
- 互动体验区：设置非遗手工体验工坊，观众可参与制作。
- 舞台表演区：举办非遗文艺演出，如传统戏曲、民间舞蹈等。
- 非遗市集：展销非遗产品，如手工艺品、传统美食等。
- 文化讲座：邀请专家学者分享非遗保护与传承的见解。

4. 宣传推广

- 线上宣传：通过社交媒体、短视频平台发布活动预告和亮点。
- 线下宣传：在公交站、地铁站等人流密集区域投放广告。
- 媒体合作：邀请主流媒体报道，扩大活动影响力。

5. 活动预算规划

场地租赁：××元

设备租赁：××元

宣传费用：××元

人员费用：××元

其他费用：××元

总预算：××元

五、风险与应对措施

1. 天气风险

- 风险：活动期间可能遭遇恶劣天气。
- 应对措施：准备备用室内场地，并提前关注天气预报。

2. 参与度不足

- 风险：公众参与度低于预期。
- 应对措施：加强宣传力度，设计吸引眼球的互动环节。

3. 安全问题

- 风险：人流密集可能引发安全隐患。
- 应对措施：安排安保人员，设置应急通道，制定应急预案。

4. 资金不足

- 风险：活动资金可能超支或不足。

- 应对措施：提前争取赞助，严格控制预算。

六、活动评估

- 参与人数统计：统计活动期间的参观人数和互动参与人数。
- 媒体曝光度：评估媒体报道的数量和质量。
- 反馈收集：通过问卷调查收集参与者的反馈意见。
- 经济效益评估：统计非遗产品销售额及对地方经济的带动作用。

七、总结与展望

通过本次非遗文化艺术节，不仅提升了公众对非遗的认知，也为非遗传承人提供了展示平台。未来可考虑将活动常态化，打造成为地方文化品牌，进一步推动非遗保护与文旅融合发展。

策划人：××
2025年××月××日

练习4 生成学校开学典礼发言稿

发言稿是用于在特定场合或会议上，由发言人用来阐述观点、传递信息或进行动员的文章。它承载了发言人的主要思路和讲话内容，确保发言能够有条不紊地进行。

使用AIGC工具生成发言稿，可按照以下步骤操作。

步骤 01 明确发言的目的。是感谢、鼓励、项目介绍、提出建议，还是演讲或辩论等。

步骤 02 输入指令或提示词。向机器提供足够的背景信息、内容细节，以及语气风格，使其生成符合预期的发言稿。

步骤 03 生成初稿，并修改与优化初稿。生成初始稿后，通过不断迭代修改提示词，来确保发言稿能准确传达信息并与受众产生共鸣。

下面将使用DeepSeek生成一份开学典礼上的发言稿（仅为初稿）。

> **提示词：** 你现在是小学一年级组的组长，需代表一年级全体教师在开学典礼上发言。请用正式且规范的语言生成一段3分钟以内的发言稿。

内容生成如下：

> 尊敬的校领导、亲爱的同事们、可爱的同学们：
>
> 大家好！
>
> 今天，我们怀着无比激动的心情，迎来了新学期的开学典礼。作为一年级全体教师的代表，我感到非常荣幸能够在这里发言。
>
> 首先，我要向刚刚踏入校园的一年级小朋友们表示最热烈的欢迎！从今天起，你们正式成为了一名小学生，开启了人生中崭新的篇章。在这里，你们将学习知识、结交朋友、收获成长。我们一年级的全体老师，将会用爱心、耐心和责任心，陪伴你们度过这

段美好的时光。

对于一年级的同学们来说，小学是一个全新的世界。你们可能会感到好奇，也可能会有些紧张，但请相信，老师们会像爸爸妈妈一样关心你们、帮助你们。我们会教你们认字、算数、唱歌、画画，还会教你们如何与同学友好相处，如何养成良好的学习和生活习惯。希望你们在课堂上认真听讲，在活动中积极参与，做一个快乐、自信、懂礼貌的小学生。

同时，我也要感谢各位家长对学校和老师们的信任与支持。孩子的成长离不开家校的共同努力，我们期待与家长们携手，为孩子们创造一个温暖、健康、积极向上的学习环境。

最后，我想对一年级的全体教师说：教育是一项充满爱与责任的事业。让我们以饱满的热情、专业的态度，用心呵护每一个孩子的成长，帮助他们迈好人生的第一步！

亲爱的同学们，新的学期已经开启，愿你们在知识的海洋中快乐遨游，在校园的生活中收获友谊与成长。让我们一起努力，共同书写属于我们的精彩故事！

谢谢大家！

练习5 生成关于描写雪景的古诗

古诗词是我国古代传统的诗歌形式，它们有着严格的格式要求，如押韵、平仄、对仗等，同时注重节奏和音韵的和谐。

在使用AIGC工具进行古诗词的创作时，可以选择带有写作功能的AI工具，例如豆包工具中的"帮我写作"功能。用户只需提供写作主题、写作格式或风格信息，就可以生成初稿。下面就用豆包模仿《村居》古诗风格，创作一首描写雪景的古诗。

打开并登录豆包，进入操作界面。单击"帮我写作"按钮，进入写作界面，如图3-3和图3-4所示。

图 3-3

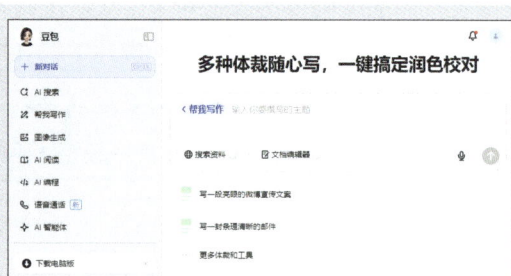

图 3-4

单击"更多体裁和工具"按钮，选择写作体裁（这里选择"诗歌"体裁）。然后在提示词框中输入主题及格式内容，如图3-5所示。

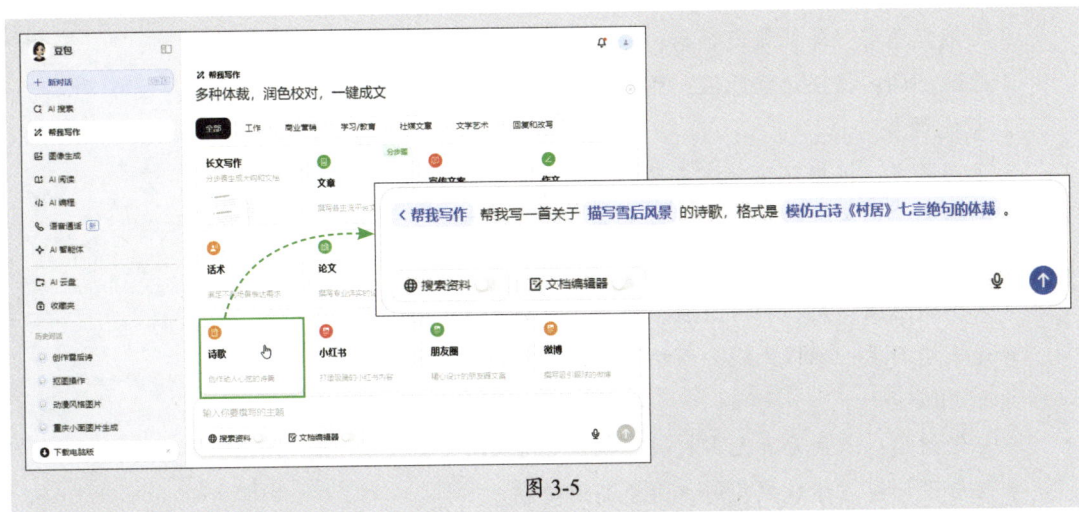

图 3-5

单击"发送"按钮，稍等片刻，系统会根据提示词要求生成相应的内容，内容生成如下：

雪后观景

雪落千山覆素妆，寒枝挂玉映清光。

儿童戏耍冰凌道，笑语欢歌满巷扬。

练习6 生成儿童护眼产品推广文案

产品推广文案是通过精练、生动、有吸引力的文字，向目标受众介绍产品的特点、优势和使用价值，以激发消费者的兴趣、提升品牌认知度，并最终促成产品销售的文字内容，常用于广告、社交媒体、官网介绍、电商平台、宣传海报等营销场景。

使用AIGC工具生成相关产品推广文案，可按照以下步骤操作。

步骤 01 明确需求及目标。明确文案的受众群体、使用场景（如广告宣传页、社交媒体广告、电子邮件等）和文案风格（如亲切、幽默、专业严谨等）。

步骤 02 准备产品相关信息。如产品核心卖点及功能、产品优势、目标用户的痛点需求。

步骤 03 根据产品信息输入提示词。

步骤 04 生成初稿，并优化完善初稿。初步审核文案初稿，必要时需进行修改和优化。可适当加入品牌特有的元素和个性化表达，增强品牌识别度。

下面将使用DeepSeek生成儿童护眼台灯的推广文案。

提示词1： 请根据家长关心的要点，梳理一下儿童护眼台灯的功能。

内容生成如下：

根据家长关心的要点，儿童护眼台灯的功能可以梳理如下。

1. 视力保护

● 无频闪：确保光线稳定，减少眼疲劳。

- 无蓝光危害：降低蓝光辐射，保护视网膜。
- 色温可调：提供适宜色温，适应不同场景需求。

2. 智能调节

- 自动调光：根据环境光线自动调节亮度，保持最佳照明。
- 手动调光：支持多档亮度调节，满足个性化需求。

3. 照明效果

- 大照明范围：光线均匀覆盖，避免局部过亮或阴影。
- 光线均匀度：确保光线分布均匀，减少眼睛负担。

4. 使用安全

- 环保材质：采用无毒无害材料，确保儿童安全。
- 防烫设计：灯体散热良好，避免高温烫伤。
- 安全认证：通过相关安全认证，确保产品质量。

5. 便捷操作

……

总结

儿童护眼台灯的功能设计围绕视力保护、智能调节、照明效果、使用安全、便捷操作、设计美观、节能环保和附加功能展开，全面满足家长在视力健康、使用体验和安全环保等方面的需求。

提示词2： 请根据提供的产品信息，写一篇关于儿童护眼台灯的推广文案，用于产品详情页场合。

1. 台灯特点：无频闪、无蓝光危害；智能调光；大照明范围、光线均匀覆盖；内置时钟，帮助儿童管理时间。

2. 受众人群：学龄儿童、教育机构、特殊需求儿童。

3. 文案风格：亲切，轻松，可带点幽默。

内容生成如下：

照亮学习路，护眼不迷路！——儿童护眼台灯，孩子的学习小助手

亲爱的家长们，是不是总觉得孩子的书桌少了点什么？没错，少了一盏能"懂"孩子的台灯！我们的儿童护眼台灯，不仅是个"发光体"，还是个"贴心小管家"，专为学龄儿童设计，让学习变得更轻松、更有趣！

□台灯特点

1. 无频闪、无蓝光危害

谁说台灯只能"亮"？我们的台灯还能"护眼"！无频闪、无蓝光危害，让孩子在学习时眼睛不再"抗议"，妈妈再也不用担心我的视力啦！

2. 智能调光

台灯自带"智慧大脑"，能根据环境光线自动调节亮度。白天不刺眼，晚上不昏暗，光线刚刚好，学习效率蹭蹭往上跑！

3. 大照明范围、光线均匀覆盖

光线均匀得像妈妈的爱，覆盖整个书桌，告别"阴阳脸"！再也不用担心孩子写字时一半亮一半暗，眼睛累得慌。

4. 内置时钟，帮助儿童管理时间

台灯还是个"时间管理大师"，内置时钟提醒孩子该学习时学习，该休息时休息。再也不用担心孩子一学就忘了时间，玩起来就忘了学习！

□ 适合谁用

学龄儿童：专为小学生设计，学习好帮手，护眼小卫士！

教育机构：教室里的"光明使者"，给孩子们一个明亮的学习环境。

特殊需求儿童：对光线敏感的孩子也能找到属于自己的"光之守护者"。

□ 为什么选它

护眼又智能：不仅护眼，还能自动调光，简直是台灯界的"学霸"！

安全又环保：材质环保无毒，孩子用得安心，家长买得放心。

操作超简单：触摸控制，孩子一学就会，再也不用担心按错按钮啦！

□ 让学习变得有趣又轻松

有了这盏台灯，孩子的书桌瞬间变成"学习乐园"！再也不用催着孩子学习，因为他们会主动坐在书桌前，享受这舒适的光线和贴心的时钟提醒。

儿童护眼台灯——不仅照亮书本，还照亮未来！快来给孩子一个明亮的学习环境吧！

ps：这盏台灯还有个隐藏技能——它能让孩子爱上学习！不信？试试看！

练习7　生成新媒体文章选题方向

　　新媒体文章的选题是指在新媒体平台（如微信公众号、微博、抖音、今日头条等）上发布的主题或话题。其目的在于吸引目标受众的注意力，引发共鸣或讨论，增加互动，从而树立品牌形象，增强用户黏性，它具有时效性强、受众导向、互动性强、多样化、轻量化等特点。

　　使用AIGC工具生成文章选题的方法大致分为以下4步。

　　步骤01 设定选题范围。比如是实用类、情感类还是热点类。

　　步骤02 输入提示词。输入与选题相关的关键词或主题。

　　步骤03 生成选题，筛选并优化选题。选题生成后，用户需从选题中挑选最具有吸引力且符合目标受众需求的选题。

　　步骤04 迭代优化选题。经过不断优化选题内容，确定最终选题。

　　下面将用DeepSeek生成孩子教育类方向的选题（仅为初步选题）。

提示词：根据《哪吒之魔童闹海》电影情节，并结合孩子教育的热点话题，请提供5个与之相关的新媒体文章选题，用于微信公众号平台文章。

内容生成如下：

以下是结合《哪吒之魔童闹海》电影情节与孩子教育热点话题的5个新媒体文章选题，适合微信公众号平台。

1. "从哪吒的叛逆到成长：如何正确引导孩子的'魔童'天性？"
● 切入点：结合哪吒的叛逆形象，探讨孩子成长中的叛逆期问题。
● 内容方向：
　■ 分析哪吒的成长历程对家庭教育的启示。
　■ 分享如何正确引导孩子的叛逆行为，培养他们的责任感和独立性。
● 适合受众：关注孩子心理成长的家长。

2. "哪吒与敖丙的友情：如何帮助孩子建立健康的社交关系？"
● 切入点：从哪吒与敖丙的友情出发，探讨孩子社交能力的培养。
● 内容方向：
　■ 分析电影中友情的意义，延伸到现实中的孩子社交问题。
　■ 提供家长如何帮助孩子建立健康友谊的实用建议。
● 适合受众：关心孩子社交能力的家长。

3. "李靖夫妇的教育之道：现代父母如何平衡爱与规则？"
● 切入点：从哪吒父母的教育方式，探讨现代家庭教育中的爱与规则平衡。
● 内容方向：
　■ 分析电影中李靖夫妇的教育方法，对比现代家庭的育儿理念。
　■ 提供如何在爱与规则之间找到平衡的育儿建议。
● 适合受众：关注家庭教育方法的父母。

4. "哪吒的逆袭之路：如何培养孩子的抗挫能力与自信心？"
● 切入点：从哪吒的成长逆袭，探讨如何培养孩子的抗挫能力和自信心。
● 内容方向：
　■ 分析哪吒面对偏见和困难时的态度，延伸到孩子抗挫能力的培养。
　■ 分享如何通过鼓励和支持，帮助孩子建立自信。
● 适合受众：希望提升孩子心理韧性的家长。

5. "从'魔童'到英雄：如何发现并激发孩子的独特潜能？"
● 切入点：从哪吒的"魔童"身份到最终成为英雄，探讨如何发现和激发孩子的潜能。
● 内容方向：
　■ 分析哪吒的转变过程，强调每个孩子都有独特的潜能。
　■ 提供家长如何观察和培养孩子兴趣与特长的建议。
● 适合受众：关注孩子个性化发展的家长。

选题亮点：

- 结合热点：借助《哪吒之魔童闹海》的热度，吸引读者关注。
- 教育导向：紧扣孩子教育的热点话题，满足家长的需求。
- 情感共鸣：通过电影情节引发家长对教育问题的思考，增强文章的可读性和传播性。

这些选题既能吸引电影粉丝，又能引发家长对孩子教育的思考，适合在微信公众号平台上传播。

练习8　生成面霜广告创意灵感

广告创意是为推广某一产品而设计的独特、新颖且具有吸引力的一种表现形式。它是通过创意手段将产品的核心卖点、品牌价值与目标受众的需求和情感相结合，从而吸引消费者注意力，引发共鸣，并促成购买行为。广告创意具有独特性、相关性、情感共鸣、简洁清晰以及可传播性这几个特点。

在实际应用中，用户可利用AIGC工具激发一些创意灵感，提高创作效率。

步骤01 确定广告目标与需求。明确广告的目的（如提升品牌知名度、推广新品或促进销售），以及目标受众分析（特征、需求和痛点）。

步骤02 输入提示词。提供产品背景信息（如产品特点、品牌调性、目标受众、竞争对手等），并设定创意方向（如故事型、幽默型、情感型等）。

步骤03 生成创意文案。生成不同形式的创意，如广告文案、视频脚本、海报设计思路等。

步骤04 筛选及优化创意。选择最具吸引力的创意文案，根据品牌调性和受众需求，对创意进行优化。

下面将用文心一言为一款抗衰老面霜产品生成广告创意文案（仅为初稿）。

> **提示词：** 为一款高端护肤品牌制作宣传广告，目标受众是25～40岁的女性，主打产品是抗衰老面霜。请提供3个情感型广告创意，突出产品的"抗衰老"和"自然成分"特点。

内容生成如下：

广告创意一：《时光之匙，解锁青春密码》

场景设定：

画面缓缓展开，清晨的第一缕阳光透过窗帘缝隙，轻柔地洒在一位正在梳妆台前微笑的女性脸上。她轻抚着自己的脸庞，眼神中既有对过往岁月的温柔回顾，也有对未来时光的无限憧憬。背景音乐是温暖而悠扬的钢琴曲，营造出一种宁静而充满希望的氛围。

旁白文案：

"在岁月的长河里，每一位女性都是自己故事的书写者。当第一道细纹悄然出现，是否渴望有一把钥匙，能轻轻扭转，解锁青春的秘密？【品牌名】高端护符，以大自然最纯净的馈赠，精心研制抗衰老面霜。每一滴，都蕴含山川草木的智慧，温柔对抗时光侵蚀，让肌肤焕发自然光彩。25～40岁的你，值得这份来自大自然的宠爱，让年龄成为最迷人的秘密。"

视觉元素：

展示产品特写，强调其精致包装与自然成分的融合，如瓶身中仿佛能看见花朵、草本植物的细腻图案，以及使用后肌肤焕发光泽的前后对比图。

广告创意二：《自然之吻，青春不言老》

场景设定：

镜头切换至一片宁静的森林，阳光斑驳地照在青苔覆盖的石头上，一位女性身着轻纱长裙，漫步于林间小径，手中轻轻摘下一朵盛开的野花，闭眼感受大自然的呼吸。随后，画面转至她在家中，将这朵野花轻轻置于一旁，拿起【品牌名】抗衰老面霜，仿佛在与自然对话，进行一场日常而神圣的仪式。

旁白文案：

"在繁忙的都市中，寻找一片属于自己的宁静绿洲。【品牌名】，从大自然的怀抱中汲取灵感，以纯净无添加的成分，精心调配出这款抗衰老面霜。它不仅是护肤品，更是自然与肌肤之间的一场浪漫邂逅。每一次轻触，都是自然之吻，唤醒肌肤深处的活力，让岁月不再是负担，而是优雅前行的见证。选择【品牌名】，让青春不言老，只言美好。"

视觉元素：

结合自然风光与产品使用场景，展现女性与自然和谐共生的美好画面，强调产品的自然纯净与高效抗衰老效果。

广告创意三：《时光逆旅，自然守护的奇迹》

场景设定：

夜幕降临，城市灯火阑珊，一位女性坐在窗边，手中翻阅着旧相册，脸上洋溢着温暖的笑容。随着一页页翻过，从青涩少女到成熟女性，每个阶段的她都散发着不同的魅力。镜头最后定格在她现在的模样，眼神坚定而温柔，手中拿起【品牌名】抗衰老面霜，仿佛在与过去的自己对话，承诺将这份自然的力量传递给未来的每一天。

旁白文案：

"在时光的长廊里，我们都是旅人，寻找着那份能让心灵与肌肤都得以栖息的力量。【品牌名】，以自然之名，许你一场时光逆旅。我们的抗衰老面霜，精选全球珍稀植物精华，科学配比，温和而强大，为25～40岁的你，筑起一道抵御岁月侵袭的屏障。它不仅改善肌肤状态，更唤醒内心深处的自信与美丽。让我们一起，以自然之力，守护青春，创造属于自己的奇迹。"

视觉元素：

通过时间流转的视觉特效，展现女性从年轻到成熟的美丽蜕变，同时突出产品自然成分的高贵与有效，以及使用后肌肤宛若新生的震撼效果。

练习9 生成豆瓣书评文案

书评是对一本书的评价与分析，包括对书籍内容、写作风格、人物刻画、结构等方面的评论。它能够帮助读者快速了解这本书，判断是否值得去阅读。豆瓣是一个知名的社交网站，用户可以在该网站上发表对书籍、电影、音乐等的评论。

豆瓣书评通常以个人感受和观点为主，其内容可以很深入，涉及书籍的主题、情节、人物分析等，也可以是轻松的个人感受分享。

利用AIGC工具生成书评文案，可以按照以下方法进行。

步骤01 明确图书信息。例如书名、作者、图书主要内容等。

步骤02 输入合适的提示词。简短概括图书信息，并提出诉求。例如，是突出图书的主题、情节的优缺点分析，还是突出个人感受和推荐等。

步骤03 生成内容，调整与修改。生成初步书评后，可结合个人的阅读体验，加入一些情感化的表达，增强书评的个性化。

下面将使用文心一言生成《云边有个小卖部》这本短篇小说的书评文案（仅为初稿）。

> **提示词：** 你是一名著名作家，请根据我提供的图书信息，生成一篇书评，总结这本书是否值的阅读，并推荐给什么样的读者群体。图书信息如下：
>
> 书名：《云边有个小卖部》
>
> 作者：张嘉佳
>
> 内容简介：简述了云边镇少年刘十三的成长历程。他自幼与外婆王莺莺生活，怀揣走出小镇的梦想却屡遭挫折。大学毕业后失业，被外婆带回故乡。在经历爱情失落、职场变故后，刘十三在外婆和好友程霜的帮助下，重拾生活信心，挑战卖保险的任务。故事以刘十三面对亲人离世后的坚强成长收尾，展现了亲情、故乡的温暖力量及人的成长心路。

内容生成如下：

> ### 书评：《云边有个小卖部》——抹温柔，照亮心灵的归途
>
> 在这个纷繁复杂的世界里，每个人心中或许都有一片属于自己的"云边镇"，那里藏着最纯粹的梦想与最温暖的记忆。张嘉佳的《云边有个小卖部》，就是这样一部能够触动人心、引领我们回归内心柔软之处的作品。
>
> **故事核心与情感深度**
>
> 小说以云边镇少年刘十三的成长历程为主线，细腻描绘了他在追求梦想与现实挫败之间的挣扎，以及在亲情、友情的陪伴下，逐渐找回生活信心的心路历程。刘十三的故事，是许多年轻人的缩影，他们怀揣梦想走出小镇，却在都市的喧嚣中迷失方向，经历挫折后才发现，真正的力量源自于内心的坚定与身边人的支持。张嘉佳以细腻的笔触，将这份成长的酸甜苦辣展现得淋漓尽致，让人在阅读中不禁产生共鸣，仿佛看到了自己的影子。

阅读价值与推荐理由

《云边有个小卖部》不仅是一部关于成长的小说，更是一封写给故乡、写给亲情的情书。它教会我们，无论走得多远，都不应忘记来时的路，以及那些在故乡等待我们的人。这本书的语言平实却饱含深情，每一个场景、每一次对话都充满了生活的温度，让人在阅读中感受到一种难以言喻的温暖与治愈。

因此，我强烈推荐《云边有个小卖部》给以下几类读者群体

- 正在经历人生转折点的年轻人：无论是初入职场的小白，还是正处在人生选择十字路口的青年，这本书都能提供一份精神上的支持与鼓励，让你在迷茫中找到方向，在挫败中重拾信心。

- 远离家乡，思念亲人的异乡人：对于在外漂泊，时常怀念故乡与亲人的人来说，这本书如同一封家书，能够触动你内心最柔软的部分，让你在忙碌与孤独中找到一丝慰藉。

- 热爱文学，追求心灵共鸣的读者：张嘉佳的文字细腻而富有感染力，他擅长在日常琐碎中挖掘人性的光辉，这本书无疑能够满足你对文学作品的深度与温度的追求。

总之，《云边有个小卖部》是一部值得一读再读的作品，它以简单却深刻的故事，传递了关于成长、亲情、故乡的深刻哲理，让每一位读者都能在阅读中找到属于自己的那份温暖与力量。在这个快节奏的时代，不妨放慢脚步，跟随刘十三的脚步，一起走进那片属于心灵的云边镇，感受那份最纯粹的感动。

练习10 生成饮品制作日记

日记用于记录每天的生活、思想、情感和经历。它通常以日期为序，形式自由，内容多样，可以是文字、图画或其他表达方式。日记具有个人性、连续性、多样性、反思性及灵活性等特点，能够帮助作者释放压力和情绪、记录重要事件，便于日后回忆。

下面将利用文心一言生成一篇饮品制作日记内容。

提示词1： 现需要写一篇关于奶茶制作的日记，我该从什么角度去写，请给我提供写作结构。

内容生成如下：

写一篇关于奶茶制作的日记是一个既有趣又能记录生活小技能的好方法。以下是一个建议的写作结构，可以帮助你条理清晰地完成这篇日记：

日期与天气

开头：记录下写日记的具体日期，以及当天的天气情况（晴朗、多云、雨天等），为日记营造一个背景氛围。

心情与动机

引入：简短描述你当天的心情，以及为什么决定制作奶茶（比如是朋友聚会、个人兴趣、尝试新事物等）。可以提到对奶茶的期待或是之前品尝过的美好记忆。

准备材料

- 详细列举：列出为了制作奶茶所准备的所有材料，包括但不限于茶叶（红茶、绿茶、乌龙茶等）、牛奶（全脂、低脂、植物奶等）、糖（白糖、红糖、蜂蜜等）、冰块（如果需要冷饮）、珍珠/果冻/椰果等配料（根据个人喜好选择）。
- 材料来源：可以简要提及材料的购买地点或来源，增加日记的生活气息。

制作步骤

分步叙述：按照实际操作顺序，详细记录每一步的制作过程。示例如下。

- 煮茶：讲述如何煮开水，放入茶叶，控制火候和时间，以及是否需要滤掉茶渣。
- 调奶：介绍牛奶的加入时机，是否加热，以及如何与茶水混合均匀。
- 调味：根据个人口味调整糖量，描述加糖的方式和时机。
- 添加配料：如果加入了珍珠、果冻等配料，说明如何准备和加入这些配料。
- 冷却或保温：根据想要饮用的温度，描述是加入冰块冷却还是保持温热。

成品展示与品尝感受

- 外观描述：描述制作完成的奶茶的颜色、透明度、配料分布等外观特征。
- 味道评价：分享第一口品尝时的感受，如奶茶的甜度、茶味浓淡、奶香是否适中，以及配料的口感如何。
- 改进建议：如果有的话，提出对下次制作时可能要进行的调整或改进。

制作心得与反思

- 经验总结：回顾整个制作过程，总结哪些步骤最为关键，哪些细节需要注意。
- 情感抒发：表达制作奶茶过程中的心情变化，比如成就感、满足感，或是与家人朋友分享时的快乐。
- 未来计划：如果有的话，提及是否计划尝试其他口味的奶茶，或是分享给更多人。

结尾

简短收尾：用一两句话结束日记，比如对今天的奶茶制作体验表示满意，或者对下一次尝试充满期待。

按照这样的结构，你的日记不仅记录了奶茶制作的具体过程，还融入了个人情感与思考，使得整篇文章更加生动有趣。希望这个建议能帮助你写出一篇精彩的日记！

提示词2：请根据以上生成的结构，写一篇完整的日记内容。风格偏文艺些。

内容生成如下：

2025年××月××日　　星期二　　晴

今天的阳光格外温柔，像是为我的奶茶实验特意准备的。作为一个奶茶爱好者，我总觉得外面的奶茶少了点什么，或许是那份独一无二的心意。于是，我决定亲手制作一杯属于自己的奶茶，记录下这段充满香气的时光。

准备阶段

清晨，我踏着微凉的风去了超市，像是寻找灵感的诗人，精心挑选了红茶包、鲜牛奶、白砂糖、珍珠和椰果。回到家，我将操作台整理得井井有条，仿佛在为一场仪式做准备。穿上围裙，洗净双手，我站在厨房里，心中充满了期待与一丝忐忑。

制作过程

水在锅中轻轻沸腾，像是低声诉说着什么。我放入两个红茶包，看着它们在水中舒展，茶香渐渐弥漫开来，像是秋天的落叶在空气中缓缓飘散。五分钟后，我用滤网将茶汤过滤到一个大杯子里，茶汤呈现出深琥珀色，仿佛时光凝固在其中。

接着，我开始加热牛奶。200毫升的鲜牛奶在小锅中慢慢升温，奶香与茶香交织在一起，像是两种旋律在空气中和谐共鸣。牛奶微微冒泡时，我将它缓缓倒入茶汤中，奶茶的颜色逐渐变得柔和，像是夕阳下的云朵，温暖而宁静。

调味的环节像是给画作添上最后一笔。我加入了两勺白砂糖，轻轻搅拌，糖粒在茶汤中溶解，像是星星融化在夜空中。最后，我加入煮好的珍珠和椰果，珍珠Q弹有嚼劲，椰果则像是夏日里的清凉微风，为这杯奶茶增添了一丝活力。

成品展示

奶茶终于完成了！我将它倒入一个透明的玻璃杯中，奶茶的颜色像是琥珀般晶莹剔透，珍珠和椰果沉在杯底，像是海底的宝藏。我轻轻捧起杯子，茶香与奶香扑面而来，仿佛整个世界都安静了下来。

我抿了一口，茶香浓郁，奶味醇厚，甜度恰到好处，珍珠Q弹，椰果清爽。每一口都像是在品味一段美好的时光，心中涌起一股满足感。

总结与反思

这次奶茶制作像是一场小小的冒险，充满了未知与惊喜。虽然过程有些烦琐，但看到成品的那一刻，所有的努力都化作了满满的成就感。我想，下次可以尝试用不同的茶叶，比如乌龙茶或绿茶，看看味道会有什么变化。珍珠的煮制时间也可以再精确一些，让它更加Q弹。

总的来说，这次自制奶茶的体验让我感到非常满足。不仅喝到了自己喜欢的味道，还学到了不少制作技巧。未来，我计划尝试更多不同的配方，也许有一天，我能开一家属于自己的奶茶店，将这份温暖与美好传递给更多的人。

练习11 生成社交沟通话术

沟通话术是指在特定场合或情境下，为了有效沟通而使用的语言表达方式。不同的场景需要不同的话术。优秀的话术可赢得周围人的赞叹，并建立良好的关系。而糟糕的话术会导致内容表述不清，产生歧义，从而引起不必要的误会。当用户不知该如何沟通时，可以使用AIGC工具生成一些优质的话术，以帮助自己进行有效沟通。

下面将用豆包根据以下情景生成一些职场沟通话术。

应用情景：一位新进员工在遇到问题时，需找其他同事协助处理。

步骤 01 打开并登录豆包，单击"帮我写作"按钮，进入写作界面。选择"更多体裁和工具"选项，进入体裁列表。选择"话术"体裁，并在提示词框中补充并修改提示词内容，如图3-6所示。

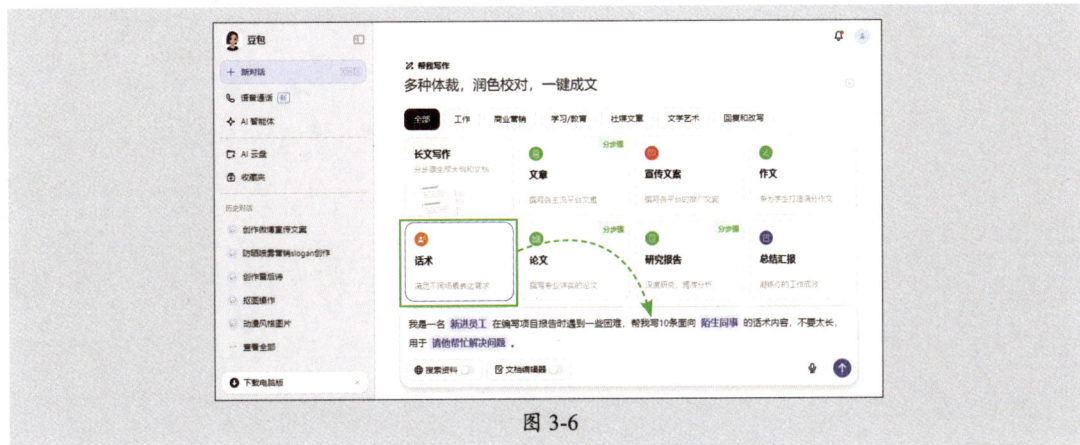

图 3-6

步骤 02 单击"发送"按钮，稍等片刻即可按照需求生成相应的话术，如图3-7所示。

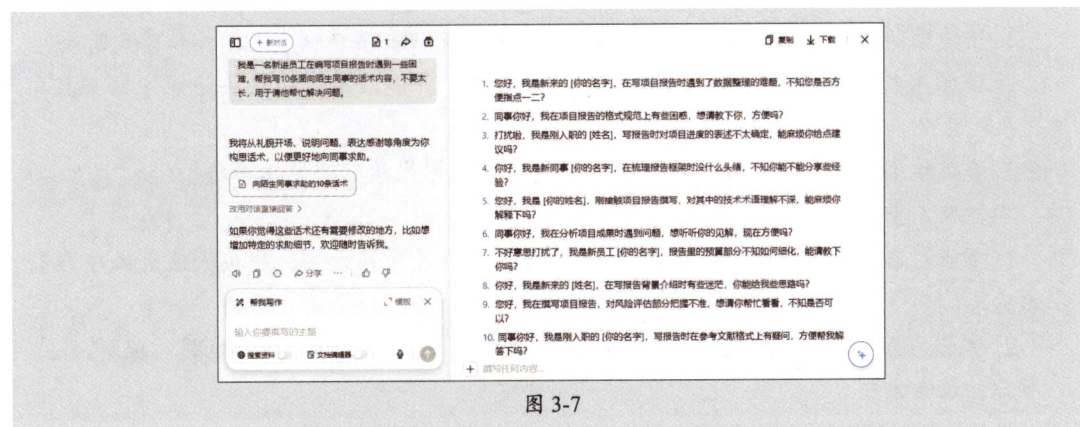

图 3-7

练习12 生成数学教案文章

教学教案是教师为有效开展课堂教学而设计的详细计划，是教学活动的蓝图。它通常包括教学目标、教学内容、教学方法、教学步骤、时间安排、教具使用以及评价方式等。它能为教师提供清晰的教学步骤，确保课堂有序进行。

利用AIGC工具生成教案的流程如下。

步骤 01 明确教案目标和要求。确定教学目标、授课对象、课程内容、课时安排等内容。

步骤 02 输入合适提示词。向AIGC工具提供教案主要内容（包括教学目标、授课对象、课程内容等）。

步骤 03 生成教案内容，并优化。生成基础教案后，用户需要根据实际情况对教案进行微调，例如添加教学活动的细节、补充学习资源、增加教学反思等。

下面将使用豆包来生成二年级数学电子教案。

步骤01 打开并登录豆包，进入体裁选择界面。选择"教案"体裁选项，并在提示词框中补充提示词，如图3-8所示。

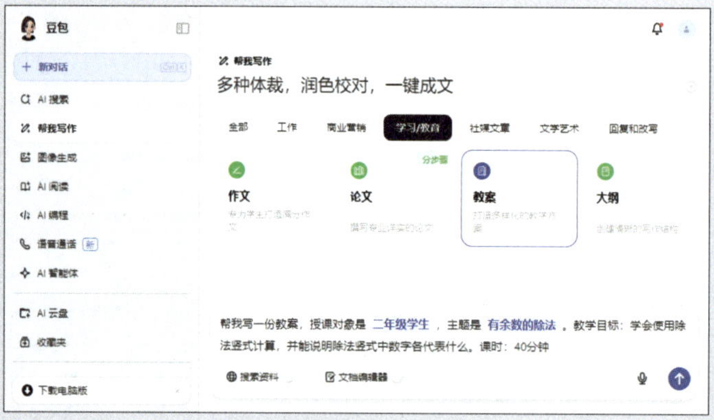

图 3-8

步骤02 单击"发送"按钮，稍等片刻即可生成相关的电子教案。教案内容生成如下：

一、教学目标

1. 让学生通过平均分的活动，理解余数的含义，掌握有余数除法的横式和竖式写法。

2. 使学生能够正确地用竖式计算有余数的除法，并能准确说明除法竖式中每个数字所代表的意义。

3. 培养学生的观察、分析和动手操作能力，激发学生学习数学的兴趣。

二、教学重难点

1. 重点：理解余数的含义，掌握有余数除法的竖式计算方法，明确除法竖式中各数字的意义。

2. 难点：有余数除法竖式的书写规范，以及对余数要比除数小这一规则的理解。

三、教学方法

讲授法、演示法、小组合作法、练习法。

四、教学过程

1. 导入（5分钟）：通过分糖果的故事引入。15颗糖果，平均分给4个小朋友，每个小朋友能分几颗，还剩几颗？激发学生兴趣，引出课题。

2. 新授（15分钟）：实际操作分小棒，13根小棒，每4根一组，分一分。引导学生列出横式 $13 \div 4 = 3$（组）……1（根），讲解余数的含义。接着引入竖式计算，边写边讲竖式中各部分的名称和含义，强调数位对齐。

3. 练习（15分钟）：出示一些有余数除法的题目，让学生在练习本上用竖式计算，同桌互相检查。教师巡视指导，及时纠正错误。

4. 课堂小结（5分钟）：与学生一起回顾本节课内容，包括余数的含义、除法竖式的写法和各数字的意义，强调余数要比除数小。

五、教学反思

在教学过程中，要注重学生的动手操作和实际体验，让学生在活动中理解知识。对于学生在练习中出现的问题，要及时给予指导和反馈，帮助学生掌握知识。

第4章

高效办公：
AIGC助力Office办公

内容导读

AIGC在提升工作效率、激发创新能力以及提供定制化服务方面展现出了巨大潜力。它凭借自动生成文本、深度数据分析及创建演示文稿等功能，有效缓解了办公人员承担的重复性劳动，使他们能够将宝贵的时间和精力集中于核心任务上。本章将深入探讨AIGC在文案创作、数据处理与分析以及演示文稿设计等领域的具体应用细节。

要点与难点

- 办公常用AIGC工具
- AI写作的应用场景
- AI数据处理的应用场景
- AI解决PPT制作痛点
- AI创作PPT的应用场景

跟我做 智创"AI伦理与社会责任"PPT

目前，许多AIGC工具能够基于用户输入的主题或关键词，自动生成结构清晰、内容丰富的PPT演示文稿。这些工具通过智能匹配高质量图片功能，推荐合适的字体、颜色和版式，以及提供丰富的模板和动态效果，从而大幅提升PPT的制作效率和演示品质。此外，用户还可以直接在生成的PPT基础上进行编辑和修改。

步骤 01 输入提示词。 打开智谱清言，在ChatGLM模式下发送提示词："请就'人工智能伦理与社会责任的探讨'这一话题写一篇文章，吸引人的标题，议论文，2000字左右"，如图4-1所示。

步骤 02 生成且复制内容。 智谱清言随即生成内容，如图4-2所示。浏览内容后，单击生成的内容底部的🗐按钮，复制文本。

图 4-1

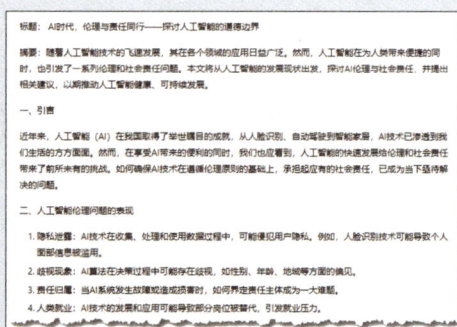

图 4-2

步骤 03 粘贴文本。 切换至"清言PPT"模式，在"粘贴文本"区域单击，如图4-3所示。

步骤 04 粘贴生成内容。 弹出"粘贴文本"对话框，按Ctrl+V组合键粘贴文本，随后单击"下一步"按钮，如图4-4所示。

图 4-3

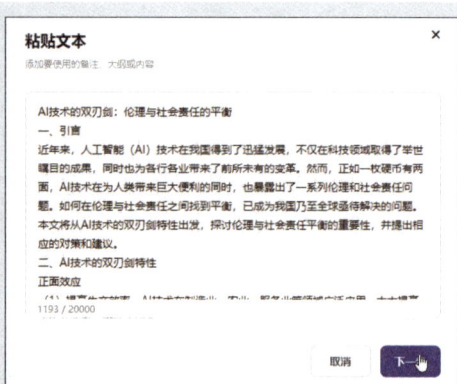

图 4-4

步骤 05 设置生成要求。 打开"生成要求"对话框，选择PPT的内容格式，并输入其他要求，单击"生成大纲"按钮，如图4-5所示。

步骤 **06** **生成并完善大纲内容。** 系统随即自动生成PPT大纲，用户可以根据需要继续发送问题或需求，对大纲进行进一步完善和优化。此处，直接单击"生成PPT"按钮，如图4-6所示。

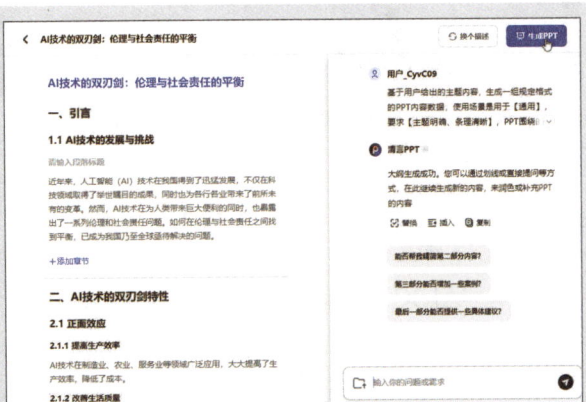

图 4-5 图 4-6

步骤 **07** **选择PPT模板。** 选择好模板场景和设计风格，在推荐的模板中选择一个合适的模板，单击"生成PPT"按钮，如图4-7所示。

步骤 **08** **生成PPT。** 稍作等待，即可生成PPT。单击"去编辑"按钮，如图4-8所示。

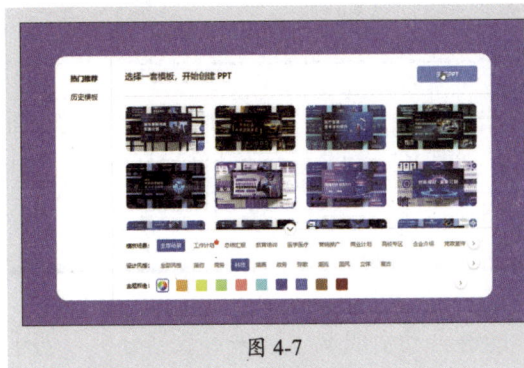

图 4-7 图 4-8

步骤 **09** **编辑PPT内容。** 进入到幻灯片编辑模式，用户可以选中幻灯片中的元素，对其进行编辑（如设置字体格式、更改图形或图片等），如图4-9所示。

图 4-9

生成的PPT中部分页面效果如图4-10所示。

图 4-10

思考题

请以"AIGC如何改变传统的内容生产方式"为主题，利用清言PPT功能生成一份完整的PPT文稿。

?

一起学

随着人工智能技术的飞速发展，AIGC正逐步渗透并深刻改变着Office办公领域的面貌。它如同一股强劲的数字化浪潮，为传统办公模式带来了前所未有的革新与升级。

4.1 办公常用AIGC工具

常用办公AIGC工具集成了人工智能技术，能够自动生成文本、进行数据分析、创建PPT演示文稿等。WPS AI、ChatGPT、百度文言一心等工具极大地提高了办公效率，成为现代办公不可或缺的一部分。在前面已介绍了部分AIGC工具，此外，还有其他一些工具也非常实用，如表4-1所示。

表 4-1

工 具	简 介
Kimi	长文本处理的佼佼者，擅长处理超长文本，无论用户需要分析长文本还是网页，Kimi都能轻松应对，让工作更加高效
讯飞星火	科大讯飞公司推出的一款基于国产算力底座打造的大模型产品，具备文本生成、知识问答、中英翻译、PPT生成、逻辑推理等能力
智谱清言	以其强大的自然语言处理能力为特色，适用于工作、学习和日常生活场景，能为用户提供高效、准确、便捷的交互体验

（续表）

工 具	简 介
WPS AI	金山办公推出的一款智能办公助手，能为用户提供智能文档写作、阅读理解和问答、智能人机交互等能力
YOO简历	必优科技推出的，集AI简历写作、简历分析、岗位探测与投递于一体的在线求职工具
DeepSeek	该工具不仅可以进行常规的关键词搜索，还在语义理解、信息提取、推荐算法等方面有所创新，特别适合对深度信息和高质量内容有需求的用户。同时，用户可以将该工具部署到Office办公软件中，以实现效率的进一步提升

4.2 AI写作的原理

AI生成文案是基于自然语言处理和深度学习算法的结合，通过收集并分析海量文本数据、训练语言模型以及根据用户输入生成文案的过程。

1. 自然语言处理技术

自然语言处理（NLP）是计算机科学领域与人工智能领域的一个重要方向，研究人与计算机之间用自然语言进行有效通信的各种理论和方法。在AI生成文案的过程中，NLP技术使得计算机能够理解、解释和生成人类语言。

2. 深度学习算法

深度学习是一种模拟人脑神经网络的机器学习方法，能够通过大量数据的训练自动学习数据之间的复杂关系。在AI文案生成中，深度学习算法会对收集到的海量文本数据进行分析和学习，从而构建出语言模型。这些模型能够学习到语言的规律和特征，如语法结构、词汇搭配、句子衔接等。使用这些学习到的规律和特征，模型能够生成符合语法和语义的文本内容。

3. AI文案生成的基本流程

AI生成文案的流程主要包括需求分析、数据收集、策略制定、AI模型训练、文案生成、优化与反馈等关键步骤，具体说明如图4-11所示。

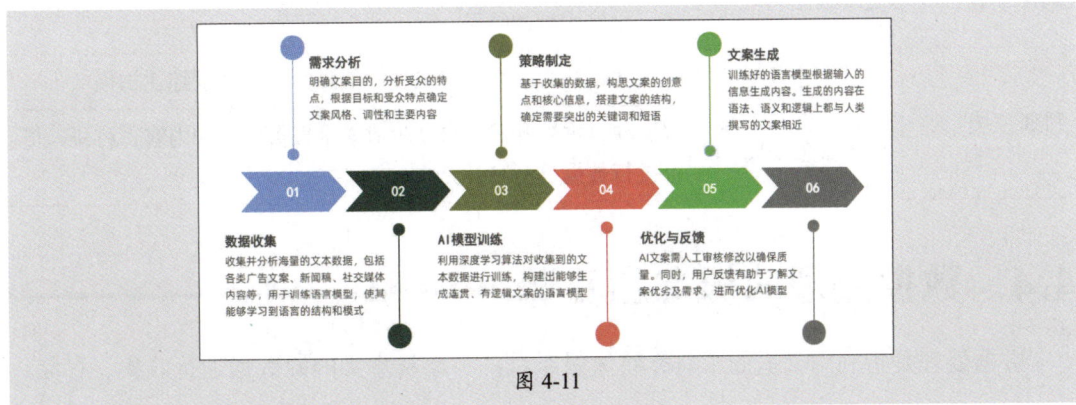

图 4-11

4.3 AI写作的应用场景

AI写作可以为创作者提供便捷和高效的写作支持，其应用场景非常广泛，主要应用领域和具体应用场景如表4-2所示。

表 4-2

应用领域	应用场景	描　述
内容创作领域	新闻写作	生成新闻稿初稿，如体育赛事报道中，AI可根据比赛数据和基本信息快速撰写赛事概况新闻
	小说创作	输入关键词或情节设定，生成相关内容供参考，可激发创作思路，获取创作灵感、构思故事框架或续写情节
	文案策划	快速生成吸引人的广告语、宣传文案、产品描述等
教育领域	作业批改与辅导	批改作文、论文等，指出语法错误、逻辑问题等并给出修改建议
	教材编写	协助教育专家编写教材内容，根据教学大纲和知识点要求生成准确、清晰的教材文本
商业领域	市场调研报告	分析市场数据并生成报告，快速梳理大量数据信息，提取关键内容并清晰呈现
	商务沟通	撰写商务邮件、合同等文书，帮助用户快速起草文档，提供规范语言表达和格式模板
娱乐领域	游戏剧情生成	创造游戏剧情、任务描述、角色对话等，增加趣味性和可玩性
	影视脚本创作	获取灵感、构思故事大纲或撰写剧本初稿，根据不同题材、风格和情节要求生成多样化剧本内容
社交媒体领域	帖子创作	快速生成社交媒体帖子内容，如微博、微信公众号文章等
法律领域	法律文书撰写	起草起诉状、答辩状、合同等法律文书，准确引用法律法规条款，按规范格式和语言要求生成初稿
翻译领域	文本翻译	进行多种语言之间的翻译，根据上下文理解语义，提供更准确、自然的翻译结果
科研领域	文献综述撰写	梳理文献核心内容，提取关键信息并生成文献综述初稿
	学术报告生成	根据项目进展和成果自动生成学术报告框架和内容，科研人员可进行数据更新和补充

4.4 数据处理的概念和步骤

数据处理是指利用合适的工具，将大量杂乱的、难辨意义的源数据进行收集、存储、分类、检索、转换、传输等操作，再有效地转化、分离和整理这些数据，并从中获取有意义和价值的信息的整个过程。

数据处理通常分为以下几个步骤。

1. 数据收集

这是数据处理的起点，涉及从各种来源获取原始数据。数据来源可能包括传感器、调查问卷、网站日志、数据库等。数据获取方法也多种多样，如手动输入、自动采集、API接口调用等。在收集数据时，需确保数据的完整性、准确性和时效性，为后续的数据处理打下坚实基础。

2. 数据清洗

数据清洗是数据处理中至关重要的一步，旨在消除或修正数据中的错误和异常值。这包括数据去重、数据筛选、数据格式转换、缺失值填充和异常值处理等。通过数据清洗，可以提高数据质量，确保后续分析的准确性和可靠性。

3. 数据转换

数据转换是将数据转换为更加适合分析的形式，包括数据规约（如降维）、数据聚合、数据合并和数据分割等。

4. 数据分析

数据分析是数据处理的核心环节，旨在从数据中提取有价值的信息和模式。数据分析方法包括现状分析（如对比分析、平均分析）、原因分析（如分组分析、结构分析）和预测分析（如回归分析、时间序列分析）等。数据分析的结果可用于支持决策制定和业务优化等。

5. 数据可视化

数据可视化是将分析结果以图形、图像或动画等形式呈现出来的过程。通过数据可视化，可以更直观地理解数据和分析结果，发现数据中的规律和趋势。常见的数据可视化工具包括Excel、Tableau、Power BI等。

6. 数据存储

数据存储是将处理后的数据保存起来，以供后续使用或分析。数据存储方式包括数据库存储和文件存储等。在数据存储时，需要考虑数据的安全性、可靠性和可扩展性等。

4.5　AI在数据处理中的应用场景

AI在数据处理中的应用场景非常多，涵盖了医疗、金融、推荐系统、工业自动化、客户服务、交通管理、环境保护、农业以及软件开发等多个领域。不同应用领域的具体描述如表4-3所示。

表 4-3

应用领域	应用场景	描　述
医疗健康	医学影像分析	快速分析医学影像，辅助医生进行疾病诊断，提高诊断准确性和效率
金融服务	金融风险评估与欺诈检测	分析金融数据，预测市场波动和风险，识别异常交易行为，防止欺诈
电子商务	个性化推荐系统	分析用户行为和偏好，提供精准的广告、内容和商品推荐
工业生产	工业自动化与质量控制	优化生产计划、资源调度，提高生产效率与产品质量
客户服务	智能客服与情感分析	实现自动回复和情感分析，提高客户服务效率和满意度
交通运输	交通管理与自动驾驶	交通信号控制、交通流量预测、路径规划、物体检测和行为预测
环境保护	环境监测与保护	分析环境监测数据，监测环境指标，生态系统分析和气候变化预测
现代农业	智能农业与精准农业	分析土壤和气候数据，优化种植管理，精准施肥、灌溉和病虫害防治
数据分析	数据分析与挖掘	从海量数据中提取有价值的信息，为业务决策提供支持
软件技术	智能编程与软件开发	智能编程助手，自动生成代码、排查错误并优化算法逻辑

4.6　PPT制作的需求

PPT制作需要充分考虑内容规划、视觉设计、技术实现和用户体验等多方面的需求，具体说明如下。

- **内容规划**：内容规划是PPT制作的基础，包括确定演示目的、目标受众、核心信息及演示流程。这一阶段需要明确演示文稿要传达的主要观点，并通过逻辑清晰的结构和有条理的内容来呈现这些信息。
- **视觉设计**：视觉设计关乎演示文稿的整体美观度和观众的视觉体验，包括选择合适的模板、配色方案、字体大小及样式，以及合理布局图片、图表、动画等元素。通过精心的视觉设计，可以使演示文稿更具吸引力，提高观众的关注度和理解力。
- **技术实现**：PPT制作需要掌握一定的软件操作技能，如熟悉PowerPoint的界面和工具栏，掌握插入、编辑和格式化文本、图片、图表等元素的方法。此外，还需要了解如何设置动画效果、幻灯片切换方式及超链接等，以实现更丰富的演示效果。
- **用户体验**：用户体验是评价PPT制作质量的重要标准之一。在制作过程中，需要关注观众的观看体验，如确保文字清晰可读、图片和图表易于理解，以及演示流程顺畅无阻。同时，还需要根据观众的反应和反馈，及时调整演示内容和方式，以达到最佳的演示效果。

4.7 利用AI技术解决PPT制作痛点

制作一个高质量的PPT往往需要花费大量的时间和精力，这主要是因为很多人缺乏制作PPT的思路和技巧，以及设计感和审美。制作过程效率低下、色彩搭配不协调、排版混乱、图片和文字搭配不当等问题，都会影响演示效果。

AI生成技术在PPT制作领域的应用，不仅解决了设计、内容组织、时间成本等方面的痛点，还满足了个性化、定制化及多语言沟通的需求，极大地提升了PPT制作的专业性和效率。

1. 创意与专业性

AI设计工具能够分析大量的优秀PPT案例，学习设计原则和趋势，为用户提供个性化的设计模板和配色方案。通过智能推荐功能，用户只需简单选择偏好或输入主题，即可快速生成具有专业水准和独特创意的设计。

2. 内容组织与结构优化

AI内容生成工具能够基于用户输入的关键信息或大纲，自动生成逻辑连贯、结构合理的PPT内容。部分高级AI甚至能分析数据、提炼核心观点，帮助用户更高效地传达信息。

3. 时间成本

通过集成AI技术的PPT编辑软件，用户可以享受一键美化、智能布局、自动校对等功能，极大缩短了制作周期。此外，AI还能根据用户习惯和历史项目，预测并预填充常用元素，进一步提升效率。

4. 多语言支持

AI翻译技术能够将PPT内容准确翻译成多种语言，并保持原文的语境和风格。

4.8 利用AI制作PPT的应用场景

AI快速生成PPT适用于各种需要制作演示文稿的场合，如企业报告、学术讲座、个人展示等。特别是在时间紧迫或需要快速制作大量PPT的情况下，AI生成PPT能够发挥重要作用。具体说明如表4-4所示。

表4-4

应用领域	应用场景	描　　述
商务领域	企业汇报	生成结构清晰、设计专业的PPT，呈现企业关键信息，有助于决策者快速把握核心要点，提升决策效率
	项目展示	展示项目的进展、成果和亮点，提升项目展示的效果和说服力
教育领域	教学课件	生成包含丰富图表、动画和互动元素的教学课件，使课程内容更加生动有趣

（续表）

应用领域	应用场景	描　　述
教育领域	学术演讲	整理研究成果、实验数据和理论模型，生成高质量的学术演示文稿，提升学术报告的专业性和说服力
学术领域	学术会议	展示研究成果，促进与会者之间的深入交流和讨论，推动学术研究的进步和发展
	研讨会	清晰阐述研究观点，引发与会者的思考和讨论
营销领域	企业宣传	生成具有创意和吸引力的宣传PPT，帮助企业更好地展示产品特点、品牌故事和市场优势
个人应用	简历制作	根据个人信息和求职意向，自动生成符合个人需求和风格的简历PPT，提升求职者的竞争力
	求职演讲	辅助求职者更好地展示个人能力和优势，提升演讲效果
	个人项目展示	快速制作出个性化的PPT，展现个人风采和实力，有助于个人品牌建设和职业发展

自己练

当下，AIGC已悄然融入办公环境，成为不可或缺的工作要素。其应用涵盖邮件撰写、报表制作、会议安排及项目管理等多个层面，仿若一位全能的办公助手，使原本单调的工作变得生动有趣。接下来，我们将深入探究AIGC在日常办公中的实际应用。

练习1　自动生成个性化简历

简历在求职过程中至关重要，它是求职者向雇主展示自己的第一印象，需要概括个人的教育背景、工作经验和技能特长，是决定能否获得面试机会的关键因素。

下面将使用"YOO简历"制作个性化简历。YOO简历是一款专业的AI简历工具，集简历写作、简历分析、岗位探测与投递于一体，通过人工智能技术为用户提供一站式求职解决方案。

首先，将个人和求职信息输入Word文档中，具体内容如下。

● 个人信息：包括姓名、联系方式、兴趣爱好、性格、教育背景、专业技能等。

● 求职的岗位信息：包括求职的岗位名称、期望薪资等。

● 工作经历：包括工作经历与成果、能力与技能、荣誉奖项等。

接下来便可以进行简历的创作了。

步骤 01 导入简历。打开"YOO简历"官网（https://www.yoojober.com/），登录账号后，在首页中单击"在线简历编辑"模块中的"导入简历"按钮，如图4-12所示。在随后打开的对话框中选择并导入包含个人信息的Word文档。

图 4-12

步骤 02 生成简历。 系统对文档中的信息进行分析后，便可自动生成简历，如图4-13所示。

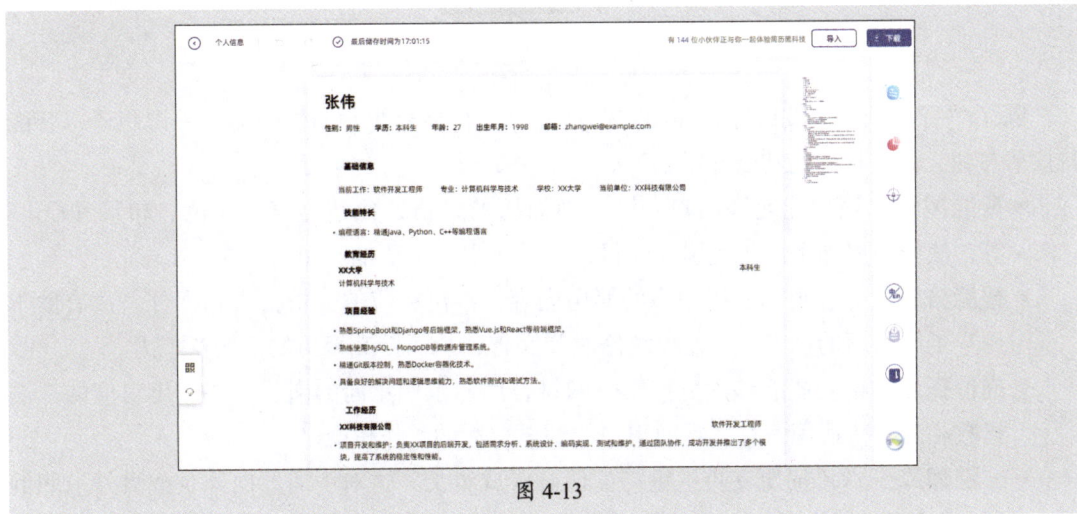

图 4-13

步骤 03 切换至简历编辑模式。 单击简历右上角的缩略图，切换至编辑模式，在该模式下可以对简历的内容进行修改，如图4-14所示。

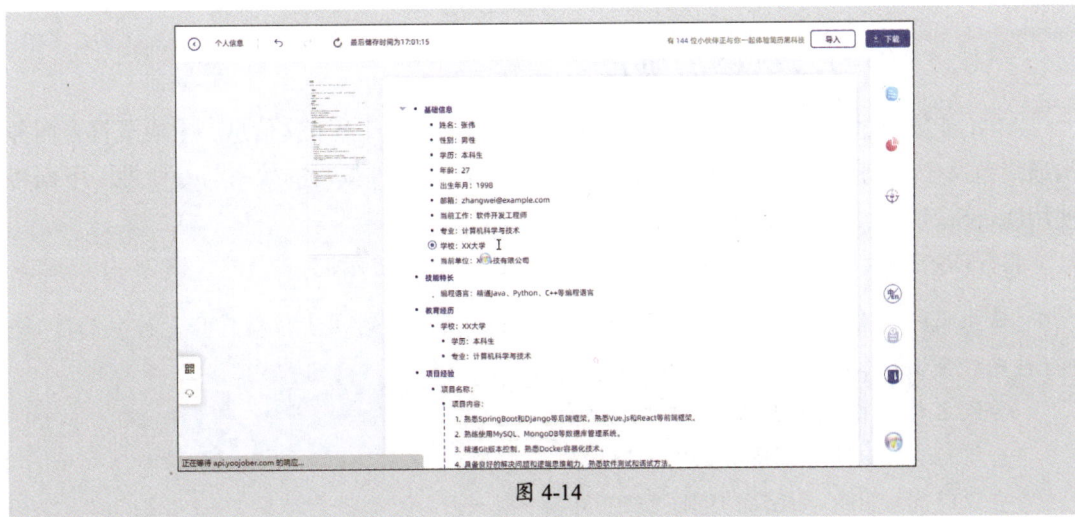

图 4-14

步骤 04 套用简历模板。单击界面右上角的"智能风格"按钮，打开"智能风格化"模板。用户可以选择一个合适的模板，快速美化简历，如图4-15所示。

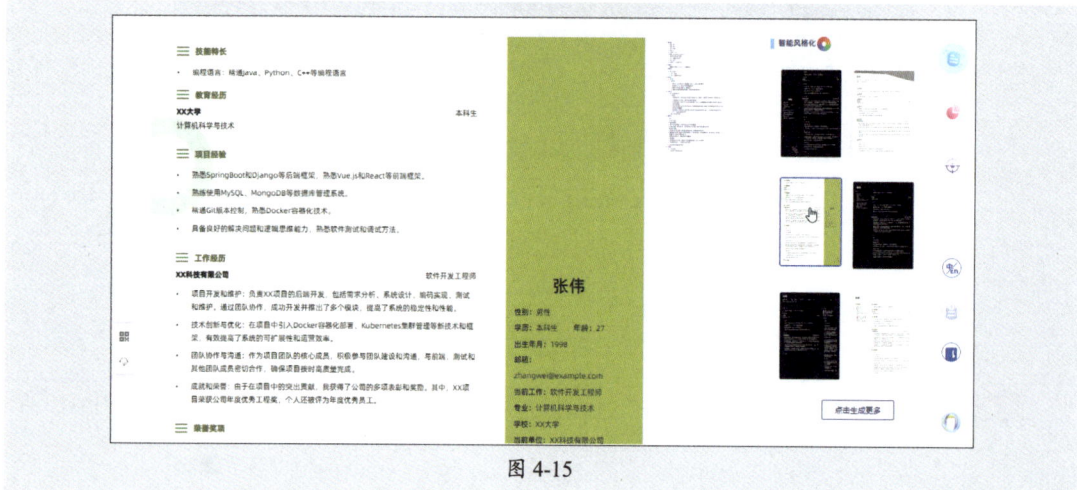

图 4-15

除了"智能风格"按钮外，界面右侧还提供了智能分析、岗位探测、一键翻译、智能排序等按钮，这些按钮的功能介绍如下。

- **智能风格：** 该功能允许用户一键更换简历的风格，包括语言、配色、布局和Logo等，使简历更加个性化且引人注目，有助于提升简历的吸引力。
- **智能分析：** 通过智能分析用户的简历内容，给出相应的分析报告和评分。这有助于用户了解简历的优劣，以便继续修改和完善，从而提升简历的市场竞争力。
- **岗位探测：** 该功能能够深度搜索全网符合用户求职意向的岗位，并给出对应的探测指数和薪资待遇等信息，帮助用户找到更合适的工作机会。
- **一键翻译：** YOO简历支持一键将简历翻译成英文，这对于需要向外企或海外求职的用户来说非常便捷。
- **智能排序：** 该功能允许用户一键对简历内容进行有序排列，确保简历的条理性和逻辑性，使其更加符合招聘人员的阅读习惯和期望。

练习2 撰写会议邀请邮件

AIGC能够通过智能算法分析收件人的偏好、邮件目的及上下文信息，生成既符合商务沟通规范又个性化十足的邮件内容，从而极大地提高了邮件撰写的效率与专业性。下面将使用DeepSeek工具撰写会议邀请邮件。

打开DeepSeek官网（https://chat.deepseek.com/），发送提示词。

> 请生成一份会议邀请邮件，在缺乏信息的地方可以暂时用占位符代替，待我后续自行补充。会议基本信息和生成要求如下。
>
> 会议名称：第八届虚拟现实技术国际会议
>
> 会议地点：××市国际会议中心
>
> 会议时间：20××年5月19日 上午9:30

生成要求：保持邮件内容简洁，避免冗长和无关的信息，使用正式且礼貌的语言，避免使用俚语或过于随意的表达，确保邮件逻辑清晰，便于收件人快速理解意图。

内容生成如下：

主题：诚挚邀请您参加第八届虚拟现实技术国际会议

尊敬的 [收件人姓名/称谓]，

您好！

我代表第八届虚拟现实技术国际会议组委会，特此向您发出诚挚的邀请，邀请您参加于20××年5月19日举行的盛会。本次会议旨在汇聚全球虚拟现实领域的专家学者、行业精英及技术创新者，共同探讨虚拟现实技术的最新进展、应用挑战与未来趋势。

会议详情如下。

会议名称：第八届虚拟现实技术国际会议

会议地点：××市国际会议中心

会议时间：20××年5月19日（星期五）上午9:30

我们精心策划了一系列主题演讲、技术研讨、成果展示及互动交流环节，旨在为您搭建一个分享见解、拓展人脉与合作的高端平台。此外，会议期间还将颁发虚拟现实领域的杰出贡献奖，以表彰在该领域做出卓越贡献的个人或团队。

为确保您的顺利参与，请于[回复截止日期，如：20××年4月30日]前通过以下方式确认您的出席意向：

回复邮件至[组委会邮箱地址]

或访问[在线注册链接]完成注册

随邮件附件，您将找到会议的初步日程安排及参会指南，以便您提前规划行程。如有任何疑问或需要进一步的协助，请随时与我们联系。我们期待在美丽的××市与您相聚，共同见证虚拟现实技术的辉煌未来。

再次感谢您对本次会议的关注与支持！期待与您共襄盛举。

此致

敬礼！

[您的姓名]

[您的职位]

第八届虚拟现实技术国际会议组委会

[联系电话]

[电子邮箱]

练习3 撰写小红书种草文案

小红书的种草文案以其真实亲切、细节丰富、情感共鸣为特点，常常通过个人体验分享、生活场景描绘以及直观的视觉搭配，引发读者兴趣并激发购买欲望；同时融入潮流趋势和实用攻略，让用户在轻松愉快的阅读中收获信息，形成强烈的口碑传播效应。下面将使用讯飞星火内置的智能体撰写小红书种草文案。

步骤 01 **登录讯飞星火。** 打开讯飞星火官网（https://xinghuo.xfyun.cn/spark），在首页中单击"开始对话"按钮，如图4-16所示。

图 4-16

步骤 02 **执行"更多智能体"命令。** 进入"讯飞星火"对话模式，在页面左侧导航栏中单击"更多智能体"按钮，如图4-17所示。

步骤 03 **选择"小红书种草文案助手"。** 在打开的页面中选择"营销"分类。此时可以看到很多营销类的文案助手，单击"小红书种草文案助手"按钮，如图4-18所示。

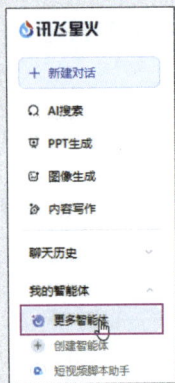

图 4-17

图 4-18

步骤 04 **根据笔记主题生成种草文案。** 进入"小红书种草文案助手"对话模式，在文本框中输入笔记主题"全玻璃多功能养生壶，健康生活新宠儿！"，随后发送内容。当前智能体随即生成种草文案，如图4-19所示。

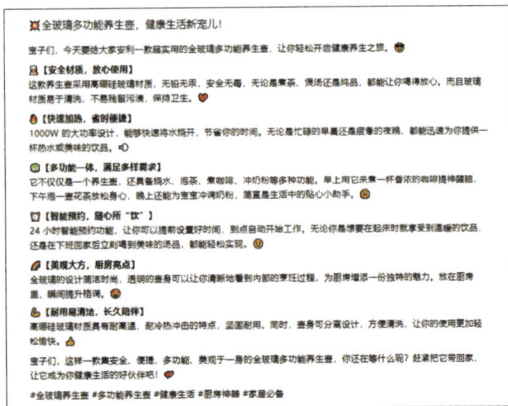

图 4-19

练习4 创作旅游分享短视频脚本

短视频脚本在视频创作中起着关键作用。它不仅规划视频的结构，还指导拍摄与剪辑，确保信息的准确传达与情感的有效表达。它能帮助创作者在有限的时间内高效组织视觉与听觉元素，讲述一个引人入胜的故事或传达特定信息，从而提升视频的质量和观众吸引力。下面将使用讯飞星火的"短视频脚本助手"快速创作短视频脚本。

步骤 01 添加智能体。打开"讯飞星火"对话模式，在页面左侧单击"更多智能体"按钮。随后在"营销"分类中单击"短视频脚本助手"智能体，如图4-20所示。

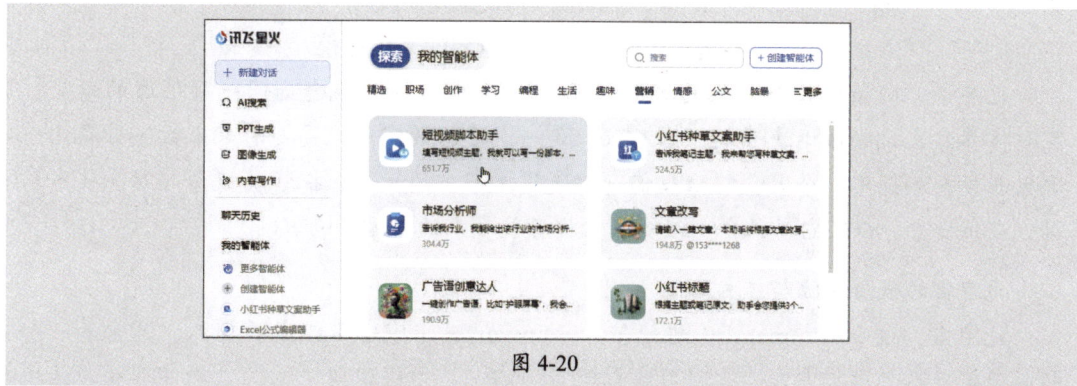

图 4-20

步骤 02 生成脚本。进入"短视频脚本助手"对话模式，在文本框中输入提示词"贵州荔波小七孔景区，旅行风光分享，当地美食推荐，3分钟之内的视频脚本"。系统随即生成脚本，它以表格形式呈现，结构一目了然，如图4-21所示。

图 4-21

练习5 撰写微信公众号推文

微信公众号的推文内容丰富多样、定位精准、互动性强，常结合图文、视频、音频等多种形式，深度解析热点话题，提供专业见解或生活资讯。其核心目标是通过高质量的内容吸引并维持用户的关注，建立与读者之间的长期连接，促进品牌传播与粉丝互动。

使用DeepSeek工具，输入以下提示词：

> 请以近年来科技与文化交汇的热门话题"元宇宙"为主题写一篇微信公众号推文，标题具有吸引力，探讨元宇宙的概念起源、技术基础、应用场景以及它对社会、经济、文化可能带来的深远影响。分析元宇宙在社交、娱乐、教育、工作等领域的潜在变革，以及各大科技巨头对元宇宙的布局和投资，为读者呈现一个既前沿又贴近生活的未来图景，激发读者对未来数字世界的想象和思考。

内容生成如下：

元宇宙：解锁未来数字世界的无限可能

近年来，随着科技与文化的深度交汇，"元宇宙"这一概念如同一颗璀璨的新星，在科技界和文化领域迅速崛起。它不仅仅是一个虚拟的空间，更是对未来数字世界的一次大胆设想和探索。今天，就让我们一起走进元宇宙的世界，探讨其概念起源、技术基础、应用场景，以及它对社会、经济、文化可能带来的深远影响。

元宇宙的概念起源与技术基础

元宇宙，这个由"meta"（超越）和"universe"（宇宙）组成的词汇，寓意着一个超越现实世界的虚拟宇宙。它利用虚拟现实（VR）、增强现实（AR）、数字孪生、区块链、人工智能（AI）、云计算等一系列前沿技术，构建出一个与现实世界并存的三维虚拟空间。在这个空间里，用户可以享受沉浸式的体验，进行社交、娱乐、学习、工作等各种活动。

技术基础方面，VR和AR技术为用户提供了身临其境的感官体验；数字孪生技术则通过创建真实世界的数字模型，实现了虚拟与现实的紧密连接；区块链技术为数字资产的安全流通与透明交易提供了坚实保障；AI技术则让虚拟世界更加智能和人性化；云计算则提供了强大的计算和存储支持，确保元宇宙的稳定运行。

......

结语

元宇宙作为未来数字世界的代表，正以其独特的魅力和无限的潜力吸引着全世界的目光。它不仅仅是一个虚拟的空间，更是对未来生活方式的一次大胆设想和探索。在社交、娱乐、教育、工作等领域，元宇宙都在带来颠覆性的影响和变革。同时，各大科技巨头的布局和投资也让我们看到了元宇宙未来的广阔前景。让我们共同期待这个充满无限可能的未来数字世界的到来吧！

练习6 文档阅读分析

目前大部分的AIGC具备阅读分析能力，可以通过自然语言处理和机器学习算法对文档内容进行情感分析和关键词提取、生成简洁摘要，帮助用户提高信息处理效率，节省时间。下面将使用文心一言的"阅读分析"功能整理会议纪要。

步骤 01 **选择"会议纪要整理"。** 打开文心一言，在界面左侧选择"阅读分析"选项，在打开的界面内找到"会议纪要整理"模块并单击，如图4-22所示。

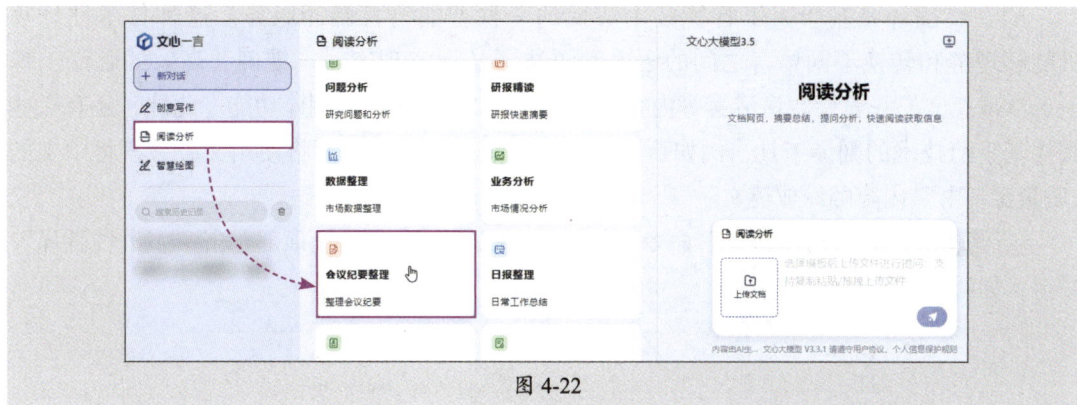

图 4-22

步骤 02 **上传文档并发送提示词。** 文本框中随即被添加文字模板。在文本框中单击"上传文档"按钮，上传"会议记录"文档，最后单击 ✈ 按钮，发送内容，如图4-23所示。

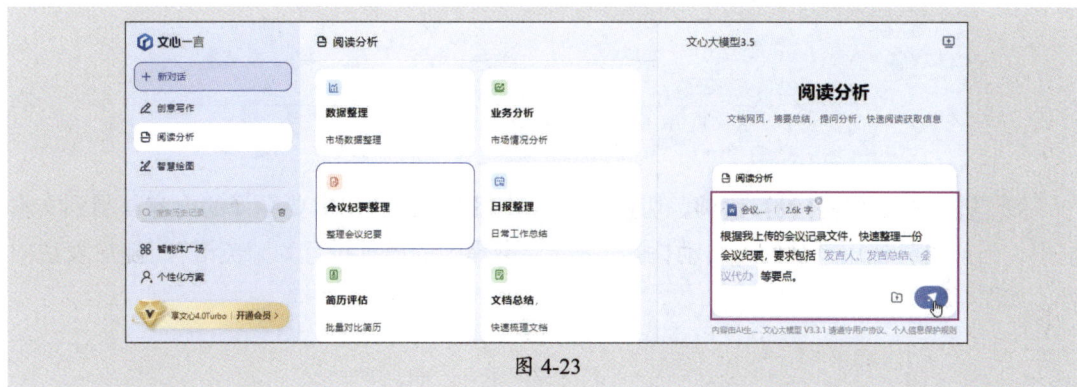

图 4-23

步骤 03 **生成会议纪要。** 系统随即根据上传的会议记录内容，自动生成会议纪要，如图4-24所示。

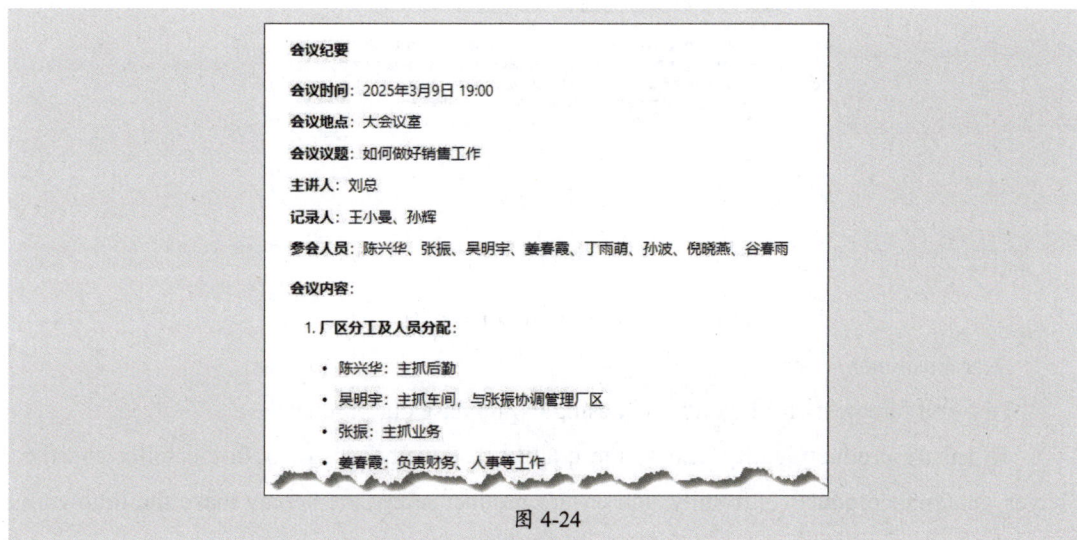

图 4-24

练习7 多语种在线翻译

AI在线翻译是基于人工智能技术实现的一种智能语言翻译服务。这种技术使计算机能够理解和转换不同语言之间的语义和语法，从而实现实时、准确、高效的翻译。像DeepSeek、文心一言、智谱清言等内容生成式AIGC工具均具备翻译功能。此外，还有一些其他基于AI技术的翻译工具，例如百度翻译、阿里翻译等。下面将使用文心一言将中文的"质量保证书"内容翻译成英文。

步骤01 执行"**多语种翻译**"命令。打开文心一言，在文本框顶部单击"多语种翻译"按钮，如图4-25所示。

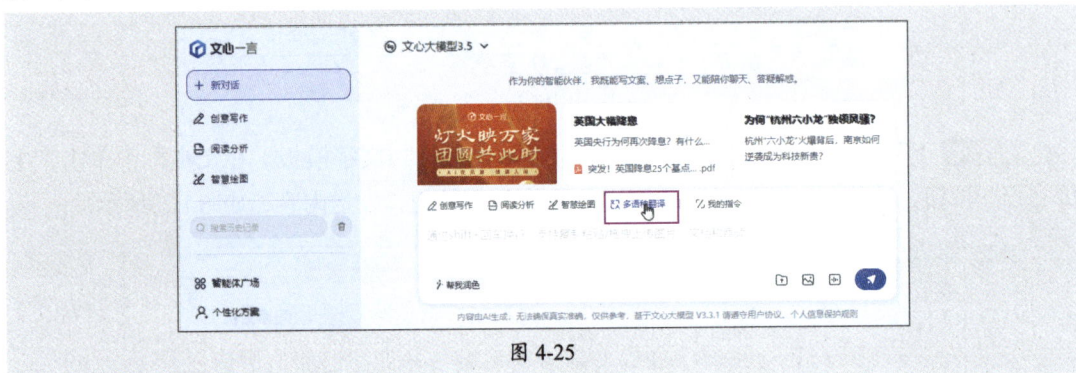

图 4-25

步骤02 输入内容并设置语种。切换至多语种翻译模式，将需要翻译的内容复制到文本框中，当前语种使用默认的"自动检测"，将要翻译为的语种设置为"英语"，随后发送内容，如图4-26所示。

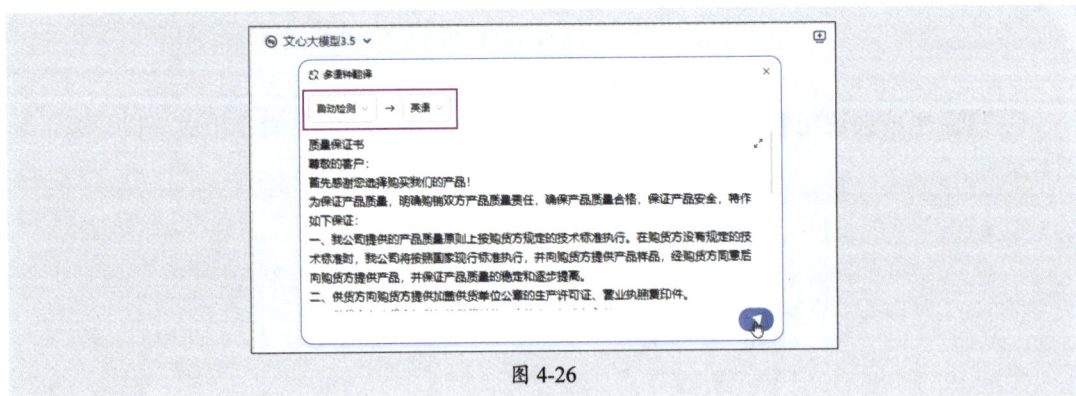

图 4-26

翻译结果如下：

Quality Assurance Certificate

Dear Customer,

First and foremost, thank you for choosing to purchase our products!

To ensure product quality, clarify the quality responsibilities of both the seller and the buyer, guarantee product conformity, and ensure product safety, we hereby make the following assurances:

1.The quality of the products provided by our company shall, in principle, comply with the technical standards specified by the purchaser. In the absence of specified technical standards by the purchaser, our company will adhere to the current national standards and provide product samples to the purchaser. Upon the purchaser's approval, we will supply the products and ensure the stability and gradual improvement of product quality.

……

练习8 分析Excel数据

相较于传统数据分析方法，AIGC展现了更高的灵活性和智能化。它能够高效处理大规模数据，自动识别并修正异常值，还能迅速生成可视化图表和报告。这一技术不仅提升了数据分析的效率，同时也为非技术背景的用户进行数据分析提供了极大的便利。

智谱清言的数据分析功能在自然语言理解、数据处理、分析方法、代码生成与执行、定制与扩展能力以及实时反馈与持续优化等方面都表现出了强大的能力和优势。下面将使用智谱清言对Excel数据进行分析。原始数据如图4-27所示。

序号	学生姓名	性别	年龄	课程类型	报名总课时	课时单价	课时总费用
1	顾晓乐	男	5	儿童画	52	¥100.00	¥5,200.00
2	李诗蕾	女	10	油画	26	¥130.00	¥3,380.00
3	姜倩茜	女	9	素描	104	¥90.00	¥9,360.00
4	陈卿	女	11	国画	26	¥140.00	¥3,640.00
5	伏浩源	男	9	油画	52	¥125.00	¥6,500.00
6	刘美如	女	12	素描	26	¥120.00	¥3,120.00
7	孙琦	男	10	国画	52	¥130.00	¥6,760.00
8	陈小可	男	5	儿童画	52	¥100.00	¥5,200.00
9	韩梦瑶	女	9	国画	26	¥140.00	¥3,640.00
10	马晓冉	女	7	国画	26	¥140.00	¥3,640.00

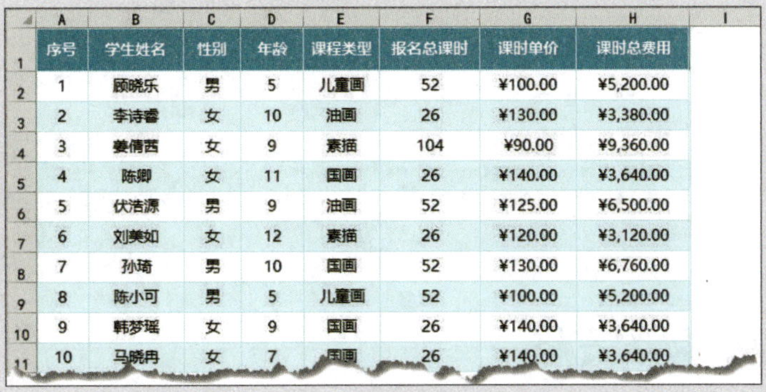

图 4-27

步骤01 导入Excel文件。打开“智谱清言”官网（https://chatglm.cn），切换到“数据分析”模式。在文本框左侧单击按钮，选择“本地文件选择”选项，如图4-28所示。在随后打开的对话框中选择要使用的Excel文件，将其导入文本框中。

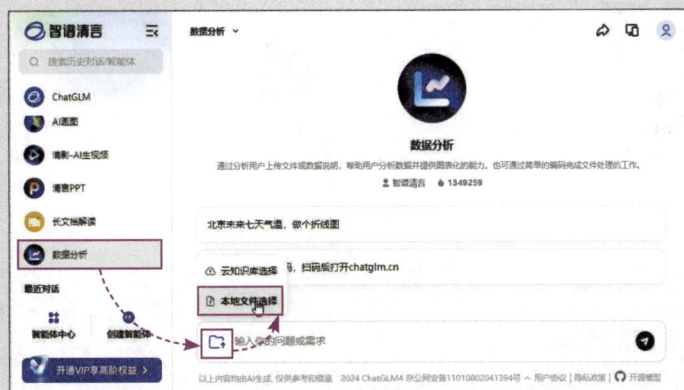

图 4-28

步骤 02 **输入分析要求**。文件导入成功后，在文本框中输入数据分析的具体要求，随后发送内容，如图4-29所示。

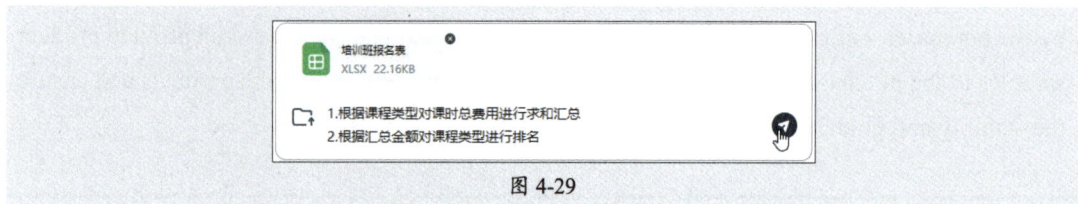

图 4-29

步骤 03 **生成分析结果**。智谱清言随即对Excel文件中的数据进行分析，并根据输入的要求返回分析结果，如图4-30所示。

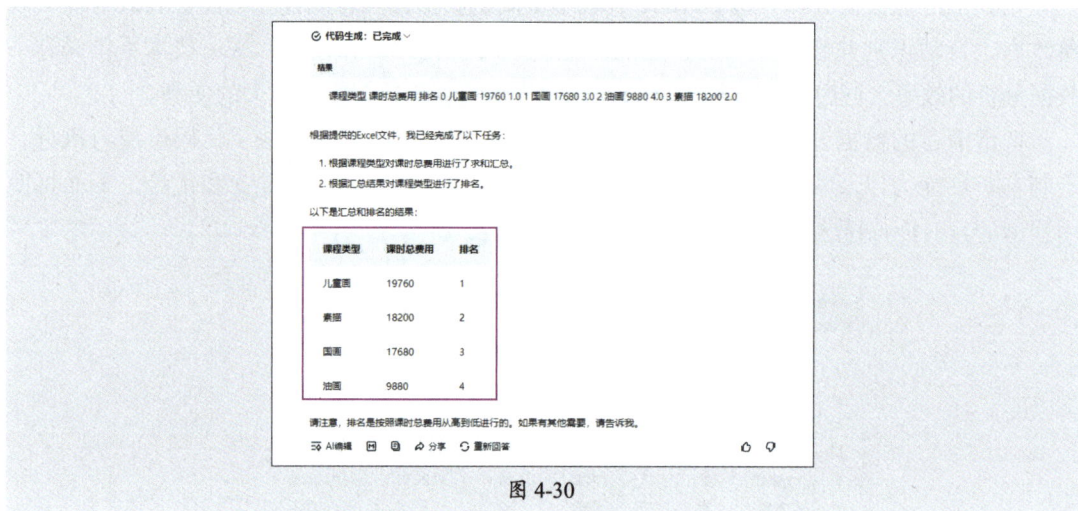

图 4-30

练习9 自动制作表格

智谱清言除了可以分析电子表格中的数据，也可以轻松制作表格，并提供表格的下载链接。下面介绍具体操作方法。

步骤 01 **发送数据**。打开智谱清言，切换到"数据分析"模式，在文本框中输入数据以及表格制作要求，随后发送内容，如图4-31所示。

图 4-31

步骤 02 生成表格。系统随即对发送的数据进行分析，最终生成Python代码，并将数据整理成表格，如图4-32所示。

步骤 03 生成下载链接。若用户需要下载表格，可以继续发送"将数据保存为Excel文件，并提供下载链接"提示词，系统随即生成电子表格的下载链接，如图4-33所示。

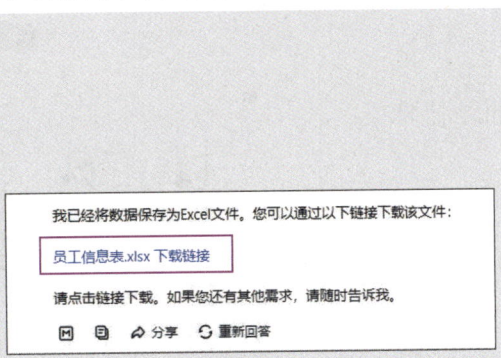

图 4-32

图 4-33

步骤 04 下载表格。单击下载链接，可以将表格以Excel文件形式保存至计算机中的指定位置。生成的Excel表格效果如图4-34所示。

步骤 05 整理表格。用户可以对表格中的数据进行整理，例如设置日期格式、调整指定列的位置、为表格添加边框线等。整理后的效果如图4-35所示。

图 4-34

图 4-35

练习10 Excel数据清洗

ChatExcel 是由北京大学团队开发的一款人工智能办公辅助工具，用户可以通过自然语言与 Excel 表格互动，简化数据处理任务，例如排序、求和等。它还能处理复杂的 Excel 操作，例如跨表格协作、多表分析、自动纠错等，并可将数据转换为各种图表形式，帮助用户更直观地理解数据。下面将使用ChatExcel对Excel表格中的数据进行清洗。

步骤 01 开始使用ChatExcel。登录ChatExcel官网（https://chatexcel.com），单击"开始使用"按钮，如图4-36所示。

图 4-36

步骤 02 **上传Excel文件**。进入ChatExcel Pro页面，将需要处理的Excel文件拖曳至"点击此处或拖拽文件到此处上传文件"区域，如图4-37所示。

图 4-37

步骤 03 **发送提示词**。上传文件后，可以在界面左侧预览效果。在文本框中输入提示词"删除包含空白单元格的行，随后对序号列中的数字进行重新编号，处理好的文件，下载给到我"，随后发送提示词，如图4-38所示。

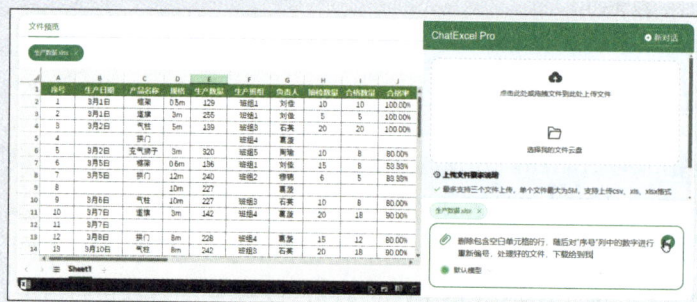

图 4-38

步骤 04 **下载处理后的表格**。系统经过分析和处理后，返回分析结果，在页面底部会提供"预览""下载"和"转存"按钮，用户可以通过单击这些按钮对处理后的表格进行预览或下载，如图4-39所示。

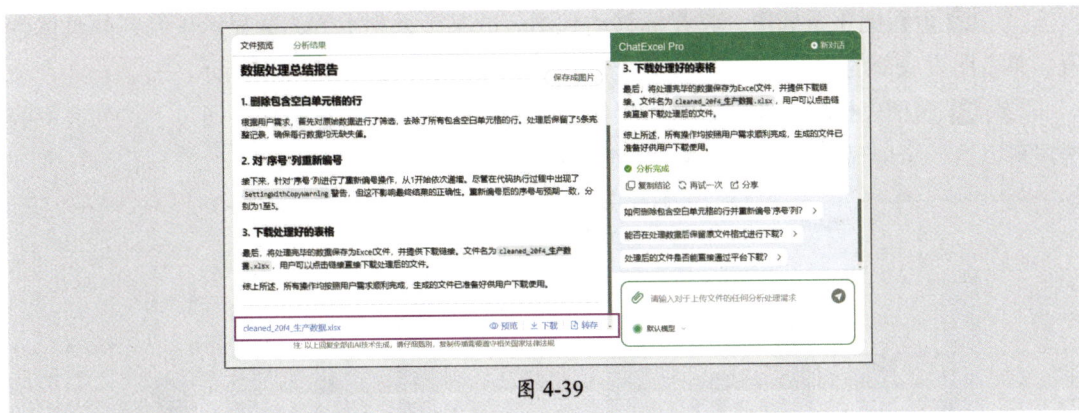

图 4-39

练习11 自动创建图表

ChatExcel的图表功能非常实用。用户通过自然语言描述需求后，可快速生成直观的各类图表，如柱状图、折线图、饼图等，帮助用户更清晰地理解数据关系；同时无须手动设置，大大节省了时间和精力。

步骤01 上传表格并发送提示词。 登录ChatExcel，在ChatExcel Pro界面内导入Excel文件，在文本框中输入提示词"对四个季度的销量进行汇总，使用汇总数据创建柱形图和饼图"，随后发送提示词，如图4-40所示。

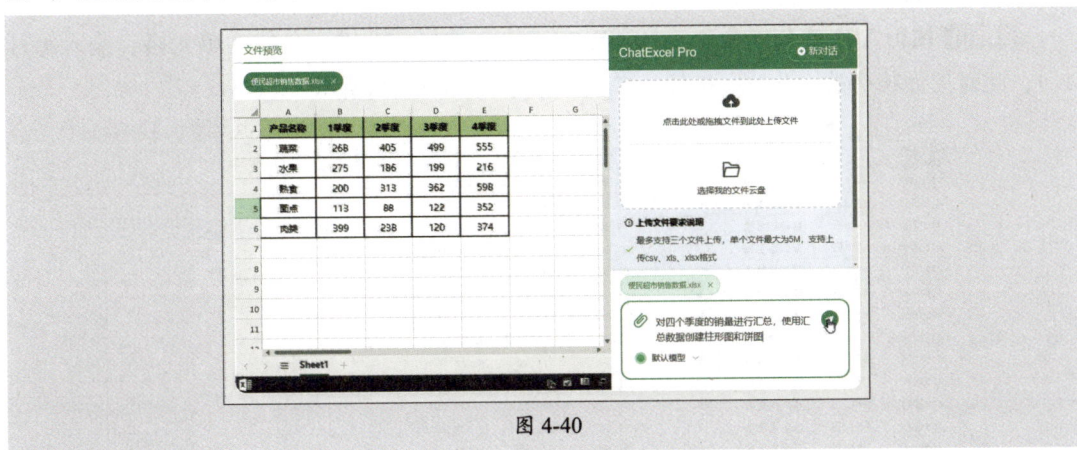

图 4-40

步骤02 查看生成结果。 稍作等待，系统将根据提示词的要求生成柱形图和饼图，以及所有产品的汇总结果，如图4-41所示。

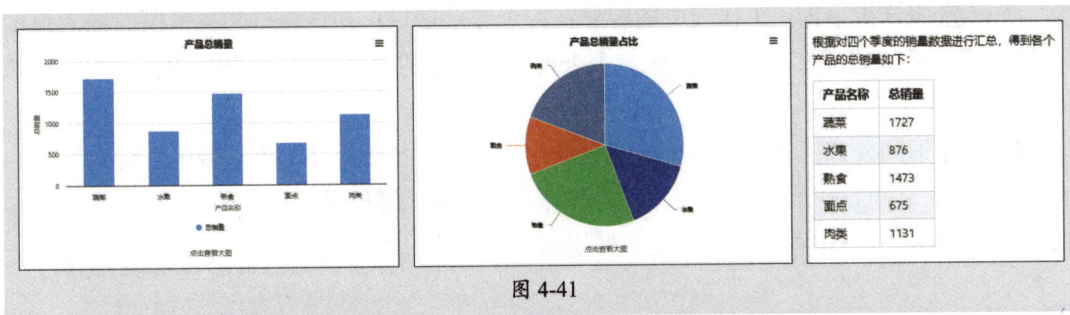

图 4-41

95

步骤 **03** **查看图表系列值。**将光标移动到图表的某个系列上方，会显示该系列的具体数值。单击图表底部的"点击查看大图"按钮，可以放大图表，如图4-42所示。

步骤 **04** **对图表执行打印、下载等操作。**单击图表右上角的三按钮，通过下拉列表中的选项可以执行全屏显示、打印图表、下载图片等操作，如图4-43所示。

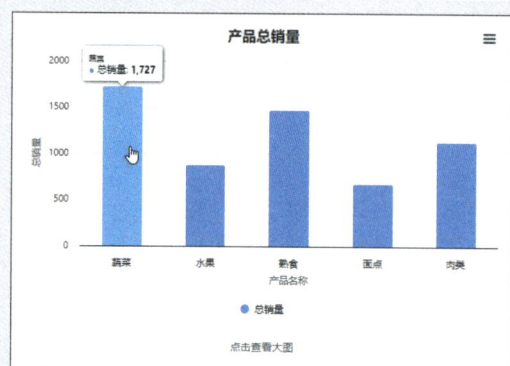

图 4-42

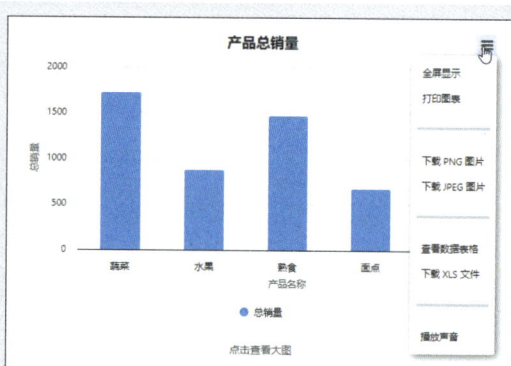

图 4-43

练习12 WPS AI生成公式

WPS AI能够帮助用户快速生成复杂的电子表格公式，并对公式进行详细解析，极大地提高了办公效率。下面将使用AI生成公式功能自动生成公式。

步骤 **01** **执行AI生成公式命令。**打开WPS表格，选择需要输入公式的单元格，输入等号（＝），此时单元格旁边会出现按钮。单击该按钮，如图4-44所示。

图 4-44

步骤 **02** **发送提示词。**工作表中随即显示一个浮动窗口，在该窗口的文本框内输入提示词"J1是一个订单编号，从A1:G17区域中查询与J1对应的整行数据"，随后单击按钮，如图4-45所示。

步骤 **03** **返回公式。**浮动窗口中随即自动生成公式，如图4-46所示。若单击"对公式的解释"按钮，还可以查看公式意义、函数解释、参数解释等释义内容。

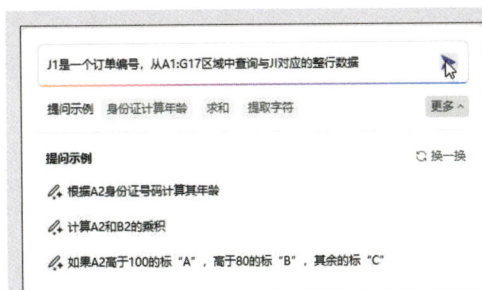
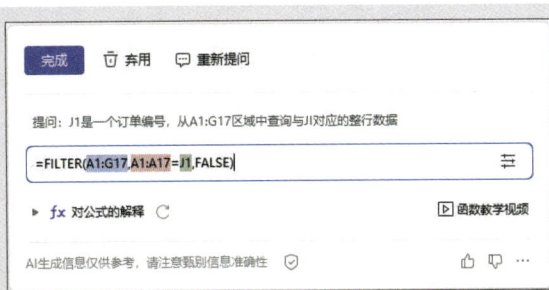

图 4-45　　　　　　　　　　　　　　　　　　图 4-46

步骤 04 公式自动录入单元格。单击浮动窗口左上角的"完成"按钮，即可确认公式的录入。此时，查询的订单编号的整行数据被自动提取了出来，如图4-47所示。

	订单编号	销售日期	商品名称	销售数量	销售单价	销售金额	销售利润		输入订单编号	4101004						
1	订单编号	销售日期	商品名称	销售数量	销售单价	销售金额	销售利润		输入订单编号	4101004						
2	4101001	4月1日	车载吸尘器	13	3,799.00	49,387.00	9,877.40									
3	4101002	4月2日	智能摄像头	15	2,999.00	44,985.00	8,997.00		查询结果：							
4	4101003	4月3日	智能扫地机	13	3,199.00	41,587.00	8,317.40		订单编号	销售日期	商品名称	销售数量	销售单价	销售金额	销售利润	
5	4101004	4月4日	车载吸尘器	7	22,997.00	160,979.00	32,195.80		4101004	4月4日	车载吸尘器	7	22997	160,979.00	32,195.80	
6	4101005	4月5日	蒸汽挂烫机	10	2,788.00	27,880.00	5,576.00									
7	4101006	4月6日	智能摄像头	5	3,988.00	19,940.00	3,988.00									
8	4101007	4月7日	蒸汽挂烫机	15	1,599.00	23,985.00	4,797.00									
9	4101008	4月8日	空气净化器	10	3,899.00	38,990.00	7,798.00									
10	4101009	4月9日	车载吸尘器	5	4,188.00	20,940.00	4,188.00									
11	4101010	4月10日	空气净化器	14	3,588.00	50,232.00	10,046.40									
12	4101011	4月11日	蒸汽挂烫机	1	1,099.00	5,495.00	1,099.00									
13	4101012	4月12日	智能摄像头	7	3,899.00	27,293.00	5,458.60									

图 4-47

步骤 05 查询其他订单编号。在J1单元格中输入其他编号，查询结果随即自动更新，如图4-48所示。

输入订单编号	4101007					
查询结果：						
订单编号	销售日期	商品名称	销售数量	销售单价	销售金额	销售利润
4101007	4月7日	蒸汽挂烫机	15	1599	23,985.00	4,797.00

图 4-48

练习13 自然语言对话生成公式

大多数生成式AIGC工具都具备公式编写能力，用户只需准确输入提示词，即可得到相应的公式。下面将使用智谱清言进行演示。

使用智谱清言发送提示词：

> 身份证号码在A1单元格，请帮我撰写一个公式，用于从身份证号码中提取出生年月日。

系统将返回公式，并对公式进行解释，同时还会对可能存在的问题给出解决方案，如图4-49所示。

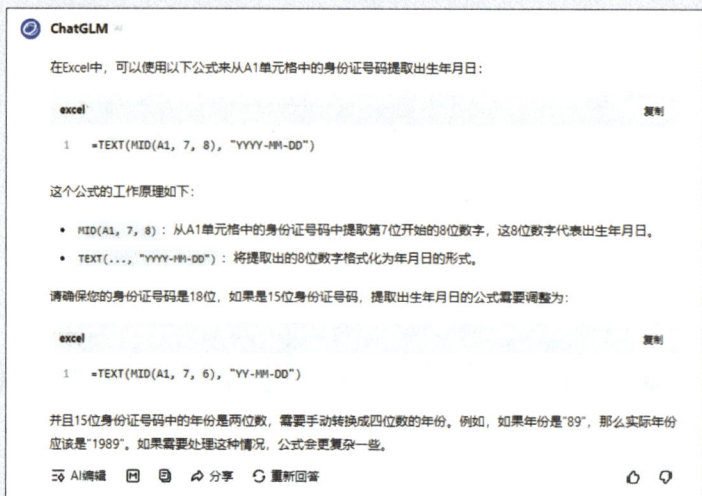

图 4-49

练习14 AI条件格式数据直观呈现

AI条件格式是WPS的一种AI功能。用户描述想要达到的标记效果后，AI可以快速标记表格数据，例如将负利润订单标红、给语文成绩80分以上的学生标红等。下面将使用AI条件格式自动突出总分大于等于90的单元格。

步骤 01 执行"AI条件格式"命令。 打开WPS表格，在功能区中单击WPS AI按钮，打开WPS AI窗格，单击"AI条件格式"按钮，如图4-50所示。

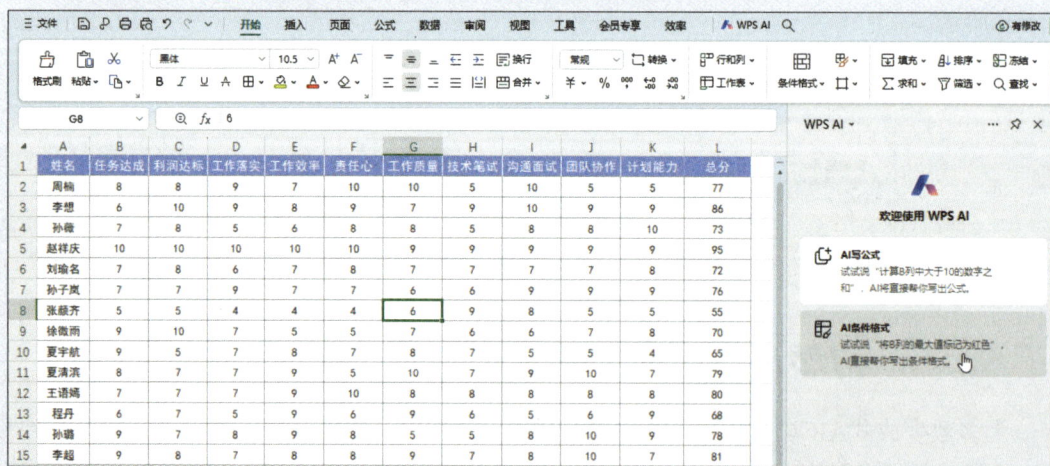

图 4-50

步骤 02 发送提示词。 表格中随即弹出"AI条件格式"对话框，在文本框中输入"将L列大于等于90的单元格标记为红色"，随后单击"发送"按钮，如图4-51所示。

步骤 03 修改条件格式。 "AI条件格式"工具随即对工作表中的数据进行分析，并在对话框中显示所引用的区域以及格式。用户可以根据需要对默认的格式进行修改，最后单击"完成"按钮，如图4-52所示。

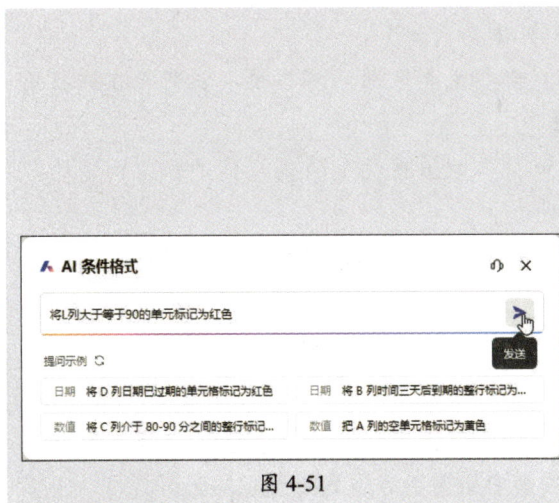

图 4-51

图 4-52

步骤 04 查看标记结果。L列内数值大于等于90的单元格随即以指定的格式突出显示，如图4-53所示。

	A	B	C	D	E	F	G	H	I	J	K	L	M
1	姓名	任务达成	利润达标	工作落实	工作效率	责任心	工作质量	技术笔试	沟通面试	团队协作	计划能力	总分	
2	周楠	8	8	9	7	10	10	5	10	5	5	77	
3	李想	6	10	9	8	9	7	9	10	9	9	86	
4	孙薇	7	8	5	6	8	8	5	8	8	10	73	
5	赵祥庆	10	10	10	10	10	9	9	9	9	9	95	
6	刘瑜名	7	8	6	7	8	7	7	7	7	8	72	
7	孙子岚	7	7	9	7	7	6	8	9	9	7	76	
8	张颀齐	5	5	4	4	4	9	4	7	6	7	55	
9	徐微雨	9	10	7	5	5	7	6	6	7	8	70	
10	夏宇航	9	5	7	7	8	7	8	5	5	4	65	
11	夏清滨	8	7	7	9	5	10	7	9	10	7	79	
12	王诺嫣	7	7	7	9	10	8	8	8	8	8	80	
13	程丹	6	7	7	7	9	6	5	6	6	9	68	
14	孙璐	9	7	8	9	8	7	5	8	10	7	78	
15	李超	9	8	7	8	9	7	8	10	7	7	81	
16	周亮	8	10	5	7	7	7	6	10	8	7	75	
17	王明	9	10	5	5	8	7	6	7	10	7	74	
18	钱玉莹	6	5	8	8	10	9	10	8	9	9	82	
19	吴云	10	7	9	10	9	9	10	7	10	9	90	
20	吴周洋	9	8	6	9	8	7	7	9	9	9	78	

图 4-53

练习15 数据挖掘与整理

利用人工智能技术，AIGC能够对海量数据进行自动化、智能化的分析、提取、整合和优化。这一技术不仅极大地提升了数据处理的效率和准确性，还为企业和个人提供了前所未有的数据洞察和决策支持能力。在数据挖掘和整理过程中，需要注意以下问题。

- **确定问题域：** 明确想要挖掘的数据领域、主题或具体问题，例如市场分析、用户行为、产品优化等。
- **设定目标：** 具体设定数据挖掘想要达到的目标，比如识别潜在趋势、预测未来表现、发现用户偏好等。

例如，用户希望深入了解电动汽车在制造、销售、技术、品牌、安全性、未来市场趋势等方面的情况。为了获得详细可靠的大数据支持，可以向AIGC进行提问。下面以讯飞星火为例进行演示。

请帮我整理多个方面的电动汽车数据，具体要求如下。

1. 电动汽车的生产流程与传统燃油车有哪些主要区别？哪些技术创新正在被应用于电动汽车的制造中以提高效率和降低成本？

2. 电动汽车的关键零部件（如电池、电机、电控系统）的供应链是如何构建的？是否存在供应链安全风险及应对策略？

3. 电动汽车在生产过程中如何减少对环境的影响？是否有采用绿色材料或循环经济模式？

4. 当前全球及主要国家/地区的电动汽车销售情况如何？哪些市场增长最快，背后的驱动因素是什么？

5. 消费者对电动汽车的购买意愿主要受哪些因素影响？价格、续航里程、充电便利性等因素的权重如何？

6. 电动汽车行业中的销售模式有何创新？比如直销、订阅服务等新型商业模式的发展状况。

7. 电池技术：当前电池技术的最新进展是什么？固态电池、锂硫电池等前沿技术的商业化前景如何？

......

数据挖掘和整理的效果如图4-54所示（仅展示AIGC生成的部分数据）。

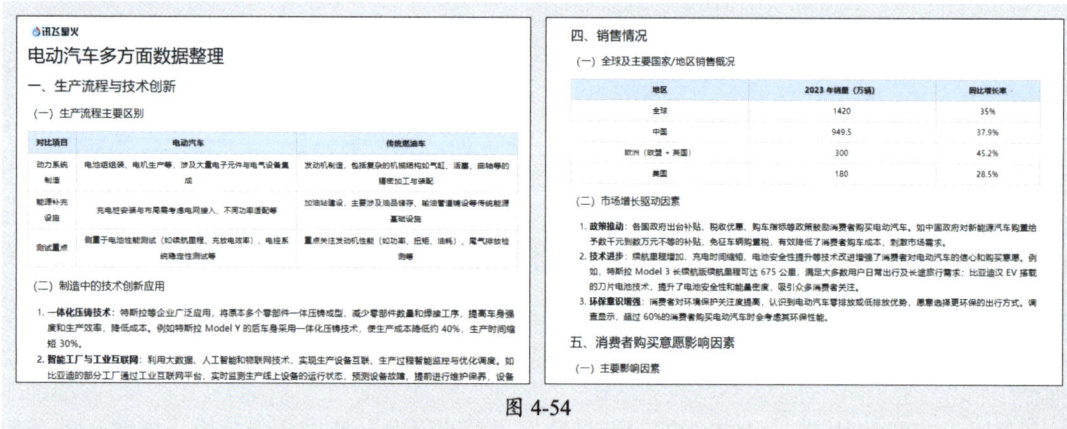

图 4-54

练习16 一键生成高品质PPT

"秒出PPT"是一款高效便捷的演示文稿制作工具，它利用先进的模板库和智能编辑功能，使用户能够在极短时间内创建出专业、美观的PowerPoint幻灯片。

步骤 01 **登录网站并发送提示词。** 登录"秒出PPT"网站（https://ppt1.ycyshang.cn/pptx/），在首页中的文本框内输入PPT主题"医疗数字化：开创未来"，随后单击"智能生成"按钮，如图4-55所示。

图 4-55

步骤 02 **生成PPT**。系统随即自动生成PPT，单击页面顶部的"修改主题短语"或"切换/上传模板主题"按钮可以对PPT的主题和模板进行修改。单击"开始编辑"按钮，则可以进入PPT编辑模式，如图4-56所示。

图 4-56

步骤 03 **编辑幻灯片**。单击"开始编辑"按钮，在打开的界面中对幻灯片页面进行编辑，如图4-57所示。

图 4-57

步骤 04 更改幻灯片主题。单击界面右上角的"修改主题"按钮，在打开的对话框中可以重新选择幻灯片模板或更改幻灯片配色。设置完成后，单击"应用效果"按钮即可，如图4-58所示。

图 4-58

练习17　文档快速转PPT

"秒出PPT"具备智能识别与提取功能，能够自动从Word、PDF、TXT等各类文档中精准抓取标题、子标题以及文本内容，并迅速将其转化为PPT演示文稿，且能有效保持原内容的逻辑结构与排版的美观性。

在"秒出PPT"首页中，切换至"导入内容（Word、文本等）"选项卡，用户可以将包含大纲的Word文件拖动至该文件区域，如图4-59所示。文件上传成功后，单击"下一步"按钮，即可生成PPT，如图4-60所示。

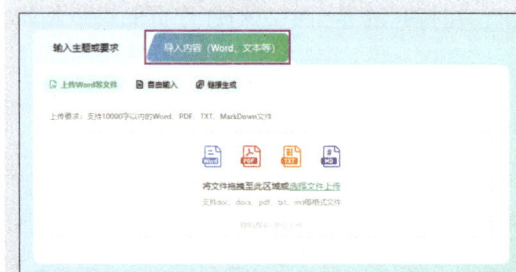

图 4-59

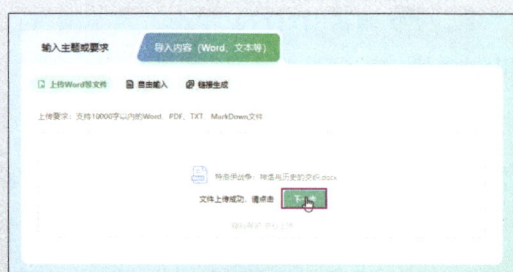

图 4-60

练习18　一个主题生成教学课件

WPS AI能够实现一键生成幻灯片，这个功能可以让用户轻松创建演示文稿。只需输入幻灯片主题或上传现有文档，系统便能自动生成包含详细大纲及完整内容的演示文稿，从而显著提升制作演示文稿的效率与质量。下面将介绍具体操作方法。

步骤 01 **执行一键生成幻灯片命令**。启动WPS Office，在首页中单击"新建"按钮，在展开的菜单中选择"演示"命令。在打开的"新建演示文稿"页面中单击"智能创作"按钮，如图4-61所示。

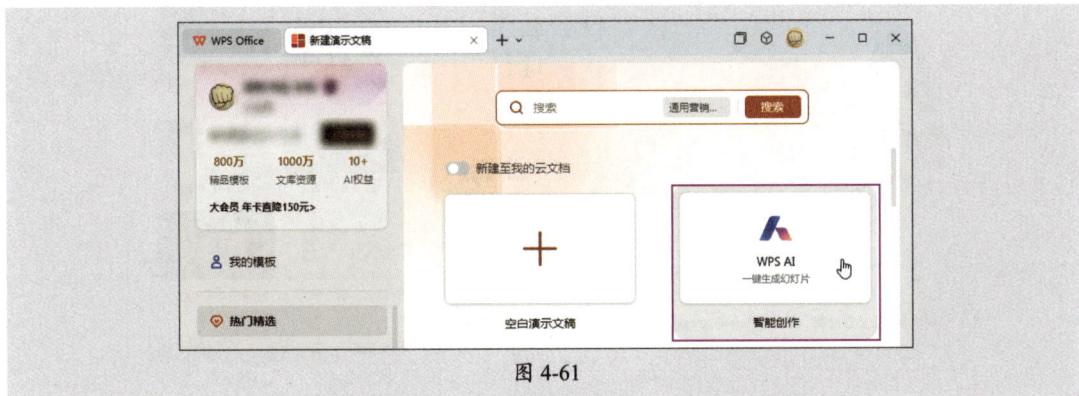

图 4-61

步骤 02 **发送主题**。系统随即新建一份演示文稿，并弹出WPS AI对话框。输入主题"古诗《侠客行》教学课件"，单击"生成大纲"按钮，如图4-62所示。

步骤 03 **生成PPT大纲**。WPS AI随即自动生成一份大纲，用户可以单击对话框右上角的"收起正文"或"展开正文"按钮，收起或展开大纲，以便对大纲的详情和结构进行浏览。最后单击"生成幻灯片"按钮，如图4-63所示。

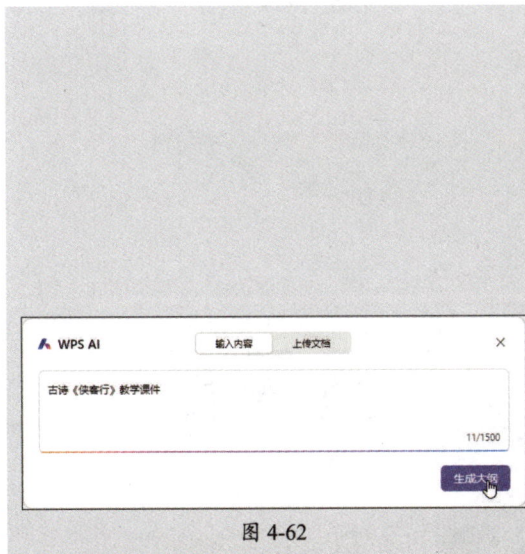

图 4-62

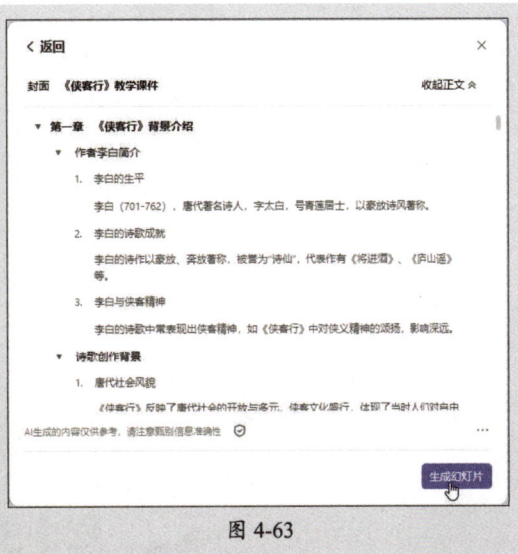

图 4-63

步骤 04 **选择模板并创建PPT**。随后打开的对话框中会提供大量幻灯片模板。在对话框右侧选择一个合适的模板，单击"创建幻灯片"按钮，如图4-64所示。

步骤 05 **生成并编辑PPT**。WPS AI随即根据所选模板以及大纲内容自动生成一份完整的演示文稿，用户可以根据实际需要对幻灯片进行进一步编辑，如图4-65所示。

步骤 06 **PPT效果预览**。制作完成后，可以对PPT进行保存。部分幻灯片页面效果如图4-66所示。

图 4-64

图 4-65

图 4-66

练习19 智创活动策划PPT

讯飞星火内置了PPT生成功能。这是一款高效实用的工具，用户仅需输入标题、关键词等信息，讯飞星火就能基于AI技术快速生成结构清晰、设计美观的PPT文档，同时还支持一键导出和个性化定制。下面将使用讯飞星火创作活动策划PPT。

步骤 01 输入主题并选择模板。 打开讯飞星火，切换到"PPT生成"模式，在文本框中输入主题"请帮我写一个智慧城市创新大赛"，在"选择PPT模板"区域选择一个合适的模板，随后发送主题，如图4-67所示。

图 4-67

步骤 02 浏览大纲，执行"生成PPT"命令。 系统随即根据主题生成PPT大纲。对大纲进行浏览，用户可以根据需要对大纲进行编辑。若直接使用该大纲，则单击底部的"生成PPT"按钮，如图4-68所示。

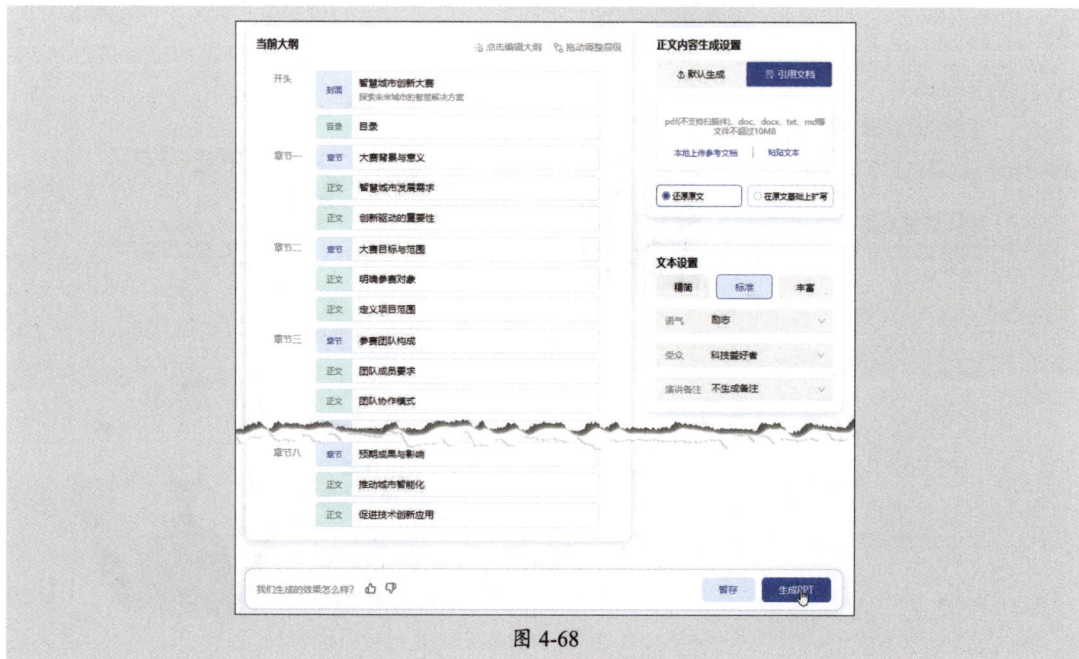

图 4-68

步骤03 **编辑幻灯片**。系统随即根据大纲生成演示文稿。单击幻灯片下方的"格式设置"按钮，页面左侧会打开一个窗格，通过其中提供的选项可以对幻灯片中的对象进行编辑，如图4-69所示。

图 4-69

步骤04 **预览幻灯片页面**。编辑完成后，预览PPT，部分幻灯片的效果如图4-70所示。

图 4-70

第5章

图形图像：
AIGC助力图像生成

内容导读

AIGC技术在图像生成领域展现出卓越的能力，能够突破传统图像创作的局限，极大地拓展创意边界和提升创作效率。无论是生成各种风格的艺术作品、设计素材、概念场景图，还是优化图像素材，AIGC都能精准实现。本章将介绍AIGC在不同图像生成场景中的具体应用。

要点与难点

- 图像生成的种类
- 图像生成的构思过程
- 常见图像创作工具

跟我做 绘制"森林守护者"儿童绘本

儿童绘本是孩子们成长过程中的重要伴侣，通过精美的图画和生动的故事，可激发孩子们的想象力和阅读兴趣。

下面将以"森林守护者"为题，利用DeepSeek和即梦AI工具生成儿童绘本。

1. 生成故事梗概与提示词（DeepSeek）

在DeepSeek中可以生成故事梗概、分页内容、角色设定、提示词模板（文本输出）。打开DeepSeek，进入操作界面，输入提示词：

> 生成一个儿童绘本故事，主题为环保与探索，主角是一颗星星和一只小狐狸，故事包含冒险、友谊和环保教育，风格为儿童绘本，水墨水彩风。

内容生成如下：

- 主角：小星（星星）和小狐狸。
- 主线：小星从夜空坠落，与小狐狸一起探索地球，发现环境问题（如森林砍伐、海洋污染），号召孩子们保护地球。
- 结局：小星回到夜空，成为守护星。

分页内容
- 封面：小星和小狐狸站在森林中，背景是夜空和彩虹。
- 序章：小星在夜空中的生活，梦想探索地球。
- 第一章：小星坠落地球，遇到小狐狸。
- 第二章：小星和小狐狸探索森林，发现砍伐问题。
- 第三章：小星和小狐狸来到海边，发现海洋污染。
- 终章：小星和小狐狸号召孩子们保护地球，小星回到夜空。

角色设定
- 小星：一颗闪闪发光的星星，身体圆润，表情灵动，尾巴有星光拖尾。
- 小狐狸：毛茸茸的身体，大眼睛，尾巴蓬松，性格活泼。

提示词模板
- 封面：小星（闪闪发光的星星，圆润身体，表情灵动，尾巴有星光拖尾）和小狐狸（毛茸茸的身体，大眼睛，尾巴蓬松）站在森林中，背景是夜空和彩虹，风格为儿童绘本，水墨水彩风，色彩明亮，充满梦幻感。
- 序章（小星的梦想）：小星在夜空中闪烁，周围是星星和月亮，背景是深蓝色的夜空，风格为儿童绘本，水墨水彩风，色彩梦幻。
- 第一章（小星坠落地球）：小星从夜空坠落，划过一道金色的光芒，落在森林中，周围是高大的树木和鲜艳的花朵，小狐狸好奇地看着小星，风格为儿童绘本，水墨水彩风，色彩明亮。
- 第二章（遇见小狐狸）：小星和小狐狸在森林中相遇，小狐狸用爪子轻轻碰触小星，背景是阳光透过树叶洒下的光斑，风格为儿童绘本，水墨水彩风，色彩明亮。

- 第三章（森林的哭泣）：小星和小狐狸在森林中探索，发现被砍伐的树木，枯黄的树桩和灰暗的天空形成对比，小狐狸露出悲伤的表情，风格为儿童绘本，水墨水彩风，色彩对比强烈。
- 第四章（海洋的呼唤）：小星和小狐狸来到海边，发现海洋被垃圾污染，灰黑色的海水和漂浮的垃圾形成强烈对比，鱼儿们露出痛苦的表情，风格为儿童绘本，水墨水彩风，色彩灰暗但逐渐变亮。
- 第五章（号召孩子们）：小星和小狐狸站在森林中，号召孩子们保护地球，背景是彩虹和阳光，森林和海洋恢复生机，孩子们手拉手围成地球形状，风格为儿童绘本，水墨水彩风，色彩鲜艳，充满欢乐氛围。
- 终章（小星回到夜空）：小星缓缓升上夜空，小狐狸在森林中挥手告别，背景是璀璨的星空和明亮的月亮，风格为儿童绘本，水墨水彩风，色彩梦幻。

提示： 为了确保画风和主角形象的一致性，可以在生成时固定角色特征和画风描述。

2. 生成绘本图像（即梦AI）

步骤01 打开并登录"即梦AI"，进入操作界面。单击"图片生成"按钮，进入图片生成界面，输入"封面"的提示词：

> 小星（闪闪发光的星星，圆润身体，大眼睛，尾巴有星光拖尾）和小狐狸（毛茸茸的身体，大眼睛，尾巴蓬松）站在森林中，背景是夜空和彩虹，风格为儿童绘本，水墨水彩风，色彩明亮，充满梦幻感。

步骤02 完成提示词输入后，设置图片比例为3∶4，单击"立即生成"按钮。系统将根据描述自动生成创意图片，生成的图片效果如图5-1所示。选择第1张图片进行保存。

图 5-1

步骤03 继续输入"序章：小星的梦想"的提示词：

> 小星（闪闪发光的星星，圆润身体，大眼睛，尾巴有星光拖尾）在夜空中闪烁，周围是星星和月亮，背景是深蓝色的夜空，风格为儿童绘本，水墨水彩风，色彩梦幻。

步骤04 完成提示词输入后，设置图片比例为4∶3，单击"立即生成"按钮。系统将根据描述自动生成创意图片，生成的图片效果如图5-2所示。选择第4张图片进行保存。

图 5-2

步骤 05 继续输入"第一章：小星坠落地球"的提示词：

> 小星（闪闪发光的星星，圆润身体，大眼睛，尾巴有星光拖尾）从夜空坠落，划过一道金色的光芒，落在森林中，周围是高大的树木和鲜艳的花朵，小狐狸（毛茸茸的身体，大眼睛，尾巴蓬松）好奇地看着小星，风格为儿童绘本，水墨水彩风，色彩明亮。

步骤 06 完成提示词输入后，单击"立即生成"按钮。系统将根据描述自动生成创意图片，生成的图片效果如图5-3所示。选择第2张图片进行保存。

图 5-3

步骤 07 继续输入"第二章：遇见小狐狸"的提示词：

> 小星（闪闪发光的星星，圆润身体，大眼睛，尾巴有星光拖尾）和小狐狸（毛茸茸的身体，大眼睛，尾巴蓬松）在森林中相遇，小狐狸用爪子轻轻碰触小星，背景是阳光透过树叶洒下的光斑，风格为儿童绘本，水墨水彩风，色彩明亮。

步骤 08 完成提示词输入后，单击"立即生成"按钮。系统将根据描述自动生成创意图片，生成的图片效果如图5-4所示。选择第3张图片进行保存。

图 5-4

步骤 09 继续输入"第三章：森林的哭泣"的提示词：

小星（闪闪发光的星星，圆润身体，大眼睛，尾巴有星光拖尾）和小狐狸（毛茸茸的身体，大眼睛，尾巴蓬松）在森林中探索，发现被砍伐的树木，枯黄的树桩和灰暗的天空形成对比，小狐狸露出悲伤的表情，风格为儿童绘本，水墨水彩风，色彩对比强烈。

步骤 10 完成提示词输入后，单击"立即生成"按钮。系统将根据描述自动生成创意图片，生成的图片效果如图5-5所示。选择第1张图片进行保存。

图 5-5

步骤 11 继续输入"第四章：海洋的呼唤"的提示词：

小星（闪闪发光的星星，圆润身体，大眼睛，尾巴有星光拖尾）和小狐狸（毛茸茸的身体，大眼睛，尾巴蓬松）来到海边，发现海洋被垃圾污染，灰黑色的海水和漂浮的垃圾形成强烈对比，鱼儿们露出痛苦的表情，风格为儿童绘本，水墨水彩风，色彩灰暗但逐渐变亮。

步骤 12 完成提示词输入后，单击"立即生成"按钮。系统将根据描述自动生成创意图片，生成的图片效果如图5-6所示。选择第3张图片进行保存。

图 5-6

步骤 13 继续输入"第五章：号召孩子们"的提示词：

小星（闪闪发光的星星，圆润身体，大眼睛，尾巴有星光拖尾）和小狐狸（毛茸茸的身体，大眼睛，尾巴蓬松）站在森林中，号召孩子们保护地球，背景是彩虹和阳光，森林和海洋恢复生机，孩子们手拉手围成地球形状，风格为儿童绘本，水墨水彩风，色彩鲜艳，充满欢乐氛围。

完成提示词输入后，设置图片尺寸为"W：1024，H：512"，单击"立即生成"按钮。系统将根据描述自动生成创意图片，生成的图片效果如图5-7所示。选择第4张图片进行保存。

图 5-7

步骤 14 继续输入"终章：小星回到夜空"的提示词：

> 　　小星（闪闪发光的星星，圆润身体，大眼睛，尾巴有星光拖尾）缓缓升上夜空，小狐狸（毛茸茸的身体，大眼睛，尾巴蓬松）在森林中挥手告别，背景是璀璨的星空和明亮的月亮，风格为儿童绘本，水墨水彩风，色彩梦幻。

步骤 15 完成提示词输入后，单击"立即生成"按钮。系统将根据描述自动生成创意图片，生成的图片效果如图5-8所示。选择第4张图片进行保存。

图 5-8

3. 后期调整与输出

- **图像筛选：** 从"即梦AI"生成的图像中筛选出风格最接近的版本，如图5-9所示。
- **后期调整：** 使用图像编辑工具（如Photoshop）对图像进行微调，确保色彩、光影、细节的一致性。

图 5-9

输出成果如下。

- **绘本图像：** 每页一张高清图像，包括封面、序章、各章节内容、终章。
- **PDF文档：** 将所有图像整合为PDF格式，便于打印或电子阅读。

思考题

选择你感兴趣的一则故事，使用AIGC工具设计好提示词，将其生成一份新的绘本。

?

一起学

图像生成是一种以算法模型为技术基础，通过数据学习和模式重构，将抽象概念或文字指令转化为可视化图像的创作形式。它不仅是人工智能技术的重要应用方向，也是连接人类想象力与数字世界的桥梁。下面将对图像生成的基础知识进行简单介绍。

5.1 常用AIGC图像生成工具

AIGC图像生成工具是一种利用人工智能技术生成图像的新型创作方式。例如，Midjourney、即梦AI、豆包、美图云修等工具为图像创作带来了前所未有的便捷性和高效性。以下是一些常用的AIGC图像创作工具，如表5-1所示。

表 5-1

工 具	简 介
Midjourney	基于Discord平台的图像生成工具，用户通过输入文本提示词生成艺术风格的图像。它以生成高质量、富有创意的图像而受到广泛欢迎
即梦AI	剪映旗下产品，一站式AI创作与内容平台。支持通过自然语言及图片输入生成高质量的图像及视频
豆包	字节跳动旗下产品，提供了与图像创作相关的功能。在图像生成功能下，只需输入文本即可快速生成高质量图片，支持多种语言输入和多样化的图片风格
简单AI	搜狐旗下的全能型AI创作助手，支持AI绘画、文生图、图生图等多种创作形式。用户只需在平台上输入关键词，便可快速生成高质量的创意美图
佐糖	一款智能AI图像处理平台，支持在线抠图、去水印、模糊照片变清晰、无损放大、图片裁剪、图片压缩和黑白照片上色等功能
美图云修	美图公司专为商业摄影行业打造的一站式AI修图解决方案，是一款可以批量对商业人像摄影图片进行一键精修的AI智能电脑端软件，轻松易用
BgSub	拥有丰富的抠图功能，支持去除图像背景、替换图像背景、AI调色、自由调整、艺术滤镜等

5.2　AIGC图像生成的特点

AIGC图像生成是近年来人工智能领域的重要突破，它利用深度学习技术生成高质量的图像内容。以下是AIGC图像生成的主要特点。

- **细节丰富**：生成的图像往往拥有极为丰富的细节，无论是细腻的纹理、逼真的光影效果，还是自然的色彩过渡，都能高度模拟真实世界的视觉特征。
- **高质量与高分辨率**：图像不仅细节丰富，而且分辨率高，能够精准呈现真实世界中的各种纹理和光影变化，整体质量上乘。
- **多样性与创造性**：具备生成多种不同风格图像的能力，无论是写实风格、抽象风格，还是复古风格等，都能轻松实现，充分满足多样化的视觉需求，展现出高度的创造性。
- **快速生成与实时交互**：图像生成速度快，能够迅速产出结果。部分工具还支持实时调整参数，用户可以即时看到调整后的效果，大大提升了使用的便捷性和交互性。
- **风格迁移与定制化**：支持将一种艺术风格迁移到另一张图像上，实现风格的转换与融合。同时，用户还可以根据自身的需求，对图像的输出进行定制，打造出独一无二的作品。
- **多模态融合**：可以实现文本到图像、图像到图像等多种生成方式，通过结合多种输入形式生成更为复杂和多样化的内容，拓宽了图像生成的应用场景。
- **学习与迭代能力**：具有自我学习和迭代的能力，能够通过持续不断的学习以及用户的反馈，对生成效果进行优化和改进，不断提升图像生成的质量和水平。

5.3　AIGC图像生成的种类

AIGC图像生成的种类确实非常丰富，可以根据不同的分类标准进行划分。以下是按输入模态和应用领域分类的详细介绍。

1. 按输入模态分类

根据输入数据的形式，AIGC图像生成可以分为以下几类。

- **文本到图像生成**：根据文本描述生成图像。用户输入一段文字，AI模型将其转换为对应的图像。常用于艺术创作、广告设计、游戏开发等领域。
- **图像到图像生成**：根据输入图像生成新的图像，可以是风格迁移、图像修复或图像增强。
- **草图到图像生成**：根据用户绘制的草图生成高质量的图像。
- **多模态融合生成**：结合文本、图像、音频等多种模态信息生成图像。例如，根据一段描述场景的文本以及一段相关音频，生成能体现该场景氛围的图像。

2. 按生成图像的应用领域分类

根据生成图像的应用领域，AIGC图像生成可以分为以下几类。

1）艺术创作类

- **绘画生成**：可生成油画、水彩画、水墨画等各种绘画风格的作品，能模仿不同画家的笔触和风格特点，为艺术家提供创作灵感或辅助创作。图5-10所示为模仿莫奈风格的油画效果。
- **插画生成**：包括人物插画、场景插画、动物插画等，广泛应用于书籍、杂志、广告、海报等的插画设计。图5-11所示为人物插画效果。

图 5-10 图 5-11

2）设计类

- **平面设计**：生成海报、宣传单页、包装设计等平面设计作品，快速提供设计初稿和创意方向。
- **室内设计**：根据房间尺寸、布局要求和风格偏好等，生成室内装修效果图，帮助用户提前预览装修效果。图5-12所示为客厅效果图。
- **工业设计**：辅助产品外观设计，生成产品的外观造型、色彩搭配等设计方案，如手机、汽车等产品的概念设计图。图5-13所示为汽车产品概念图。

图 5-12 图 5-13

3）影视娱乐类

- **概念设计图**：为电影、电视剧、游戏等创作概念设计图，包括场景概念图、角色概念图等，帮助制作团队确定视觉风格和创意方向。图5-14所示为古装类电视剧场景概念图。

- **特效合成：** 生成影视特效中的虚拟场景、生物等元素，并与实拍画面进行合成，提升影视特效的质量和效率。
- **游戏场景与角色生成：** 快速创建游戏中的虚拟场景、角色模型和道具等资产，丰富游戏的视觉内容。图5-15所示为游戏人物的三视图效果。

图 5-14

图 5-15

4）生活应用类

- **个性化头像生成：** 根据用户提供的特征或风格要求，生成个性化的头像，如卡通头像、写实头像等。图5-16所示为卡通头像效果。
- **表情包生成：** 选择特定的表情、动作和背景，让AIGC技术为其生成定制化的表情包。图5-17所示为宠物猫的表情包效果。

图 5-16

图 5-17

- **照片修复与增强：** 修复老照片的破损、褪色等问题，增强照片清晰度、色彩等质量；还能对照片进行风格化处理，如将普通照片转换为复古风、赛博朋克风等。

5.4 图像生成的构思过程

　　AIGC图像生成的构思过程是一个系统的流程，从明确创作需求到最终输出，每个步骤都至关重要。下面将对该过程进行介绍。

1. 明确创作需求的目标

在开始图像生成之前，首先需要明确创作需求的目标。这一步骤是整个过程的基础，可确保生成的内容符合预期。

- **确定主题：** 明确图像的主题和内容，例如"关于春天的插画"。
- **设定风格：** 选择图像的艺术风格，如写实风格、卡通风格或抽象风格。
- **定义用途：** 确定图像的用途，如广告宣传、艺术展览或游戏设计。
- **技术参数：** 设定图像的分辨率、尺寸和格式等技术要求。

2. 概念化与创意构思

在明确需求后，进入概念化与创意构思阶段。这一阶段是将抽象的想法转化为具体的视觉概念。

- **头脑风暴：** 通过头脑风暴生成多种创意想法，探索不同的可能性。
- **参考素材：** 收集相关的参考素材，如照片、绘画或其他艺术作品，帮助形成具体的视觉概念。
- **草图绘制：** 绘制初步的草图或概念图，帮助可视化创意构思。
- **文本描述：** 将创意构思转化为详细的文本描述，并作为AI生成图像的输入。

操作提示

以上两个阶段可以使用DeepSeek、文心一言、智谱清言进行辅助操作。

3. AI 辅助创作图像

在创意构思完成后，利用AIGC工具进行图像生成。这一步骤是科学与技术的结合，通过AI模型将创意转化为具体的图像。

- **选择工具：** 根据需求选择合适的AIGC工具，如即梦AI、豆包、Midjourney等。
- **输入描述：** 将详细的文本描述输入AI工具，作为生成图像的指导。
- **参数调整：** 设置生成参数，如风格强度、颜色偏好、构图方式等。
- **生成图像：** 运行AI模型，生成初步的图像作品。

4. 实时交互与迭代优化

生成初步图像后，通过实时交互与迭代优化，逐步完善图像内容。

- **评估图像：** 对生成的图像进行评估，检查是否符合预期。
- **调整参数：** 根据评估结果，调整生成参数，如修改风格、颜色或细节。
- **多次生成：** 通过多次生成和调整，逐步优化图像效果。
- **用户反馈：** 收集用户或团队的反馈，进一步改进图像。

5. 创意融合与后期处理

在图像生成和优化完成后，进行创意融合与后期处理，进一步提升图像质量。

- **图像编辑：** 使用图像编辑工具（如Photoshop）进行后期处理，如调整色彩、对比度和亮度。

- **细节增强**：增强图像的细节部分，如纹理、边缘和光影效果。
- **创意融合**：将生成的图像与其他元素融合，如添加文字、图标或背景。
- **最终输出**：导出最终的图像作品，确保其符合技术要求和创作目标。

5.5　图像的智能优化处理

利用AIGC工具进行图像的智能优化处理，可以显著提升图像质量。以下是常见的优化处理方法及其详细描述。

1. 去噪与锐化

在图像的获取和传输过程中，常常会引入各种噪声，如高斯噪声、椒盐噪声等。这些噪声会使图像变得模糊不清，细节丢失。AIGC工具通过先进的算法，能够精准识别并去除这些噪声。同时，为了弥补去噪过程中可能损失的图像细节，AIGC工具会对图像进行锐化处理，如通过增强图像边缘的对比度，使图像中的物体轮廓更加清晰，纹理更加明显，从而让图像整体看起来更加锐利、生动。图5-18、图5-19所示为图像锐化前后的效果。

图 5-18　　　　　　　　　　　　　　　　　图 5-19

操作提示

在图像处理中，噪声是指图像中不希望出现的随机干扰，它会影响图像的质量和清晰度。高斯噪声和椒盐噪声是两种常见的噪声类型。

- 高斯噪声：符合正态分布（高斯分布）的随机噪声，其强度在图像中呈现为连续的、平滑的变化。该噪声会使图像变得模糊，降低图像的清晰度和细节。
- 椒盐噪声：一种离散的、极端的噪声，表现为图像中随机出现的黑白像素点。该噪声会破坏图像的局部细节，使图像看起来像是被"污染"了。

2. 超分辨率处理

当我们需要放大一张低分辨率的图像时，传统方法往往会导致图像变得模糊，并出现锯齿等问题。而AIGC工具的超分辨率处理技术，能够利用深度学习算法分析图像的内容和结构，自动生成缺失的细节，从而在不损失图像质量的前提下，将图像的分辨率提升数倍。无论是老照片的修复，还是小尺寸图像的放大，超分辨率技术都能让图像呈现出更高的清晰度和细节，使图像更加适合打印、展示等用途。图5-20、图5-21所示为模糊图像修复前后的效果。

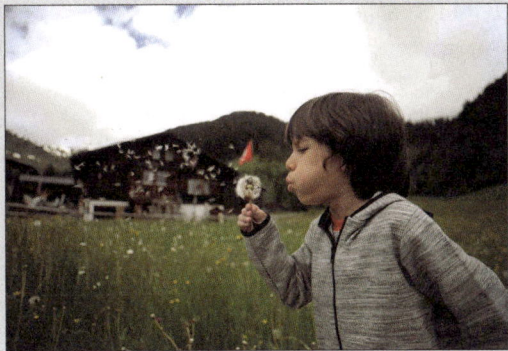

图 5-20　　　　　　　　　　　　　　　　　　　图 5-21

3. 色彩调整

AIGC工具可以对图像的色彩进行全方位的优化。它能够自动分析图像的色彩分布，根据不同的场景和主题，调整色彩的饱和度、亮度和对比度。对于色彩暗淡的图像，增加饱和度可以让颜色更加鲜艳、生动；对于曝光过度或不足的图像，调整亮度和对比度可以使图像的明暗层次更加分明。此外，AIGC工具还可以根据用户的需求，对特定颜色进行单独调整，实现色彩的精准控制。

4. 背景替换

AIGC工具的背景替换功能为图像创作带来了更多的可能性。它能够准确识别图像中的主体和背景，然后将背景替换为用户选择的新背景。这一过程不仅可以实现简单的背景更换，还能根据主体的特点和场景的需要，对新背景进行智能融合，使主体与新背景之间的过渡更加自然。图5-22、图5-23所示为替换背景的前后效果。

图 5-22　　　　　　　　　　　　　　　　　　　图 5-23

5. 风格统一

在处理一组图像时，可能会因为拍摄设备、拍摄环境等因素的不同，导致图像的风格不一致。AIGC工具可以通过学习和分析，提取某张图像的风格特征，然后将这些特征应用到整组图像中，使它们的风格保持一致。无论是复古风格、现代风格，还是艺术风格，AIGC工具都能根据用户的需求，对图像进行风格统一处理。这样就可以使图像在视觉上更加协调、美观，增强整体的表现力。

6. 细节增强

AIGC工具能够深入挖掘图像中的细节信息，并对其进行增强处理。它可以识别图像中的微小细节，如人物的发丝、物体的纹理等，然后通过算法对这些细节进行强化，使其更加清晰、明显。同时，对于一些在拍摄过程中被忽略或丢失的细节，AIGC工具也能通过智能算法进行补充和修复。

自己练

以下是一些针对AIGC图像生成的练习题目，旨在帮助读者巩固所学知识，提升实践能力。

练习1　《浮生六记》书籍封面

书籍封面是读者接触到的第一印象。封面不仅要美观，还要能够传达书籍的主题、风格、作者等重要信息。一般而言，书籍封面的设计风格大致可归纳为以下3种。

- **简约风格：** 以简洁的图形、凝练的文字和纯粹的色彩搭配为特色。这种风格摒弃繁杂的元素堆砌，以留白营造意境，精准提炼书籍主旨，让读者在瞬间捕捉到书籍的精髓，给人以大气、舒适之感，尤其适用于哲学、社科类等需要深度思考的书籍。
- **插画风格：** 通过细腻或夸张的手绘、数字绘画等形式，构建出富有故事性与想象力的画面。插画能够生动展现书籍中的场景、人物或情节，为读者开启一扇通往书中世界的窗口，增强视觉吸引力。这种风格常用于儿童读物、文学小说等类型的书籍。
- **复古风格：** 从旧时光中汲取灵感，运用复古色调、经典图案、传统字体等元素，营造出怀旧氛围。它不仅能唤起读者对过往岁月的情感共鸣，还能赋予书籍独特的文化底蕴。这种风格在历史、艺术、文学经典类书籍中较为常见。

下面利用即梦AI来生成《浮生六记》的书籍封面。

步骤01 打开即梦AI，进入其操作界面，输入提示词：

> 　　大幅留白中，一枝枯荷斜倚水面，荷叶残破却筋骨嶙峋；远处乌云低垂，雨丝如线；荷茎旁浮着一只空酒盏，随涟漪微微晃动。水墨写意风格，枯荷用焦墨皴擦，雨丝以银粉细描，酒盏施淡青釉色，整体萧疏苍凉。书名"浮生六记"用瘦金体置于画面右上，作者"沈复"。

步骤02 输入提示词后，设置图片尺寸为576×864，单击"立即生成"按钮。系统将根据描述自动生成创意图片，效果如图5-24所示。

图 5-24

步骤 03 单击生成的第一张图片，查看其大图效果，如图5-25所示。在右下角单击"局部重绘"按钮，使用"画笔工具"涂抹需要重绘的部分，在文本框中输入要更改的文案，如图5-26所示。

图 5-25

图 5-26

步骤 04 单击"立即生成"按钮，系统将自动进行局部重绘，生成的图片效果如图5-27所示。选择与要求相符的图片进行保存即可。

图 5-27

操作提示

使用AIGC工具生成的图像和文字不够完善，只能作为初稿使用，用户可借助Photoshop等工具进行二次编辑。

练习2 赛博朋克风格虚拟角色

虚拟角色是借助计算机技术等手段创造出的非真实人物形象。从早期简单的像素角色，到如今高度拟真的3D形象，其应用领域极为广泛，涵盖了娱乐、教育、商业等多个方面。

- **娱乐领域**：在娱乐领域，虚拟角色的应用最为广泛。它们出现在电影、电视剧、动画片、电子游戏中，作为故事的主角或配角，为观众带来了丰富的视觉和情感体验。此外，虚拟偶像也是娱乐领域的一大亮点。例如，初音未来以独特的形象和声音吸引了大量粉丝。

- **教育领域**：在教育领域，虚拟角色的应用也越来越广泛。它们可以作为虚拟教师或助手，为学生提供个性化的学习指导和互动。通过模拟真实场景和角色对话，虚拟角色能够帮助学生更好地理解知识，提高学习效果。

- **商业领域**：在商业领域，虚拟角色被广泛应用于品牌推广、产品代言、客户服务等方面。它们能够代表品牌或产品形象，参与广告、宣传片或社交媒体活动，传递信息并推广产品。同时，虚拟客服能够为用户提供24小时不间断的服务，解决各种问题。

下面利用即梦AI来生成赛博朋克风格学生形象。

步骤 01 打开即梦AI，进入其操作界面，输入提示词：

> 赛博朋克风格，青少年女生，短发染蓝色，戴智能眼镜，穿未来感校服（金属质感+发光条纹），手持平板电脑，站立姿势，科技感表情，白色背景，霓虹光影。

步骤 02 输入提示词后，设置图片比例为3：4，单击"立即生成"按钮。系统将根据描述自动生成创意图片，效果如图5-28所示。选择与要求相符的图片进行保存即可。

图 5-28

练习3 "喵喵窝"宠物店标志设计

标志设计是一种视觉传达的艺术形式，它通过特定的图形、文字、色彩等元素的组合，创造出具有识别性、象征性和传达性的符号。标志通常由以下要素组成。

- **图形元素：** 包括具象图形（如动物、植物、人物等）和抽象图形（如几何形状、线条等）。这些图形元素能够直观地传达品牌或组织的特性。
- **文字元素：** 标志中的文字通常包括品牌名称、口号或标语等。文字元素的选择和排版对于标志的整体风格和识别度具有重要影响。
- **色彩元素：** 色彩在标志设计中具有举足轻重的地位。不同的色彩能够传达不同的情感和氛围，因此设计师需要根据品牌或企业的特性选择合适的色彩搭配。

下面利用即梦AI来生成"喵喵窝"宠物店标志。

步骤 01 打开即梦AI，进入其操作界面，输入提示词：

> 简约风格，"喵喵窝"宠物店标志，抽象的猫咪轮廓，猫窝形状，单色设计（灰色或深蓝色），简洁字体，几何形状，现代感，扁平化设计。白色背景。

步骤 02 输入提示词后，设置图片比例为1：1，单击"立即生成"按钮。系统将根据描述自动生成创意图片，效果如图5-29所示。选择与要求相符的图片进行保存即可。

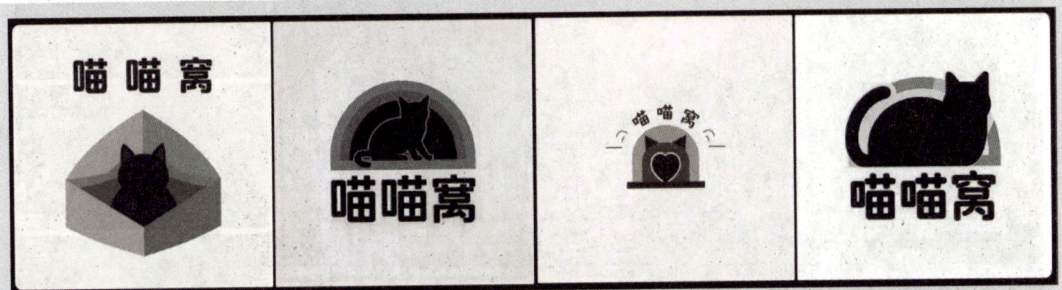

图 5-29

练习4 "末日废墟"游戏概念场景

游戏场景设计是电子游戏开发中至关重要的环节，它负责构建玩家在游戏中所探索的虚拟世界。这个过程不仅关乎美学，还涉及游戏玩法、叙事、用户体验等多个方面。以下是对游戏场景设计流程的介绍。

- **概念设计：** 在游戏的早期阶段，场景设计师会与游戏策划、美术团队等共同确定游戏场景的主题、风格、布局等关键要素。这一阶段通常会产出大量的手绘草图或3D模型原型。
- **环境建模：** 在确定了场景的基本概念和风格后，设计师会使用3D建模软件（如Maya、3ds Max等）创建场景的3D模型。这些模型需要精确地反映场景中的物体、地形和建筑等。
- **贴图与材质：** 在模型创建完成后，设计师要为这些模型添加贴图和材质，以模拟真实世界中的光影效果、颜色纹理等。
- **光照与阴影：** 光照效果对于游戏场景的真实感和氛围营造至关重要。设计师可使用光照引擎（如Unreal Engine的光照系统）来模拟自然光和人工光源的效果，并调整阴影的强度和方向。

- **动画与特效**：为了增加场景的生动性和互动性，设计师还会为场景中的物体和角色添加动画效果（如风吹草动、水流波动）和特效（如爆炸、火焰等）。
- **测试与优化**：在场景设计完成后，需要进行多次测试以确保其稳定性、流畅性和可玩性。同时，根据测试反馈进行必要的优化和调整。

下面利用豆包来生成"末日废墟"游戏概念场景。

步骤01 打开并登录豆包，单击"图像生成"按钮，进入图像生成界面，输入提示词：

> 末日风格，废弃城市，倒塌的建筑，生锈的车辆，杂草丛生，破败的街道，灰暗的天空，乌鸦盘旋，废墟残骸，写实渲染，压抑氛围。

步骤02 输入提示词后，设置图片比例为16∶9，单击"发送"按钮。系统将根据描述自动生成创意图像，效果如图5-30所示。选择与要求相符的图像进行保存即可。

图 5-30

练习5　大师绘画风格迁移

风格迁移可以将一张图像的内容与另一张图像的风格融合在一起，生成一张既保留原始内容，又带有目标风格的全新图像。这种方法的核心思想是使用神经网络分别提取内容图像的主要结构和对象信息，以及风格图像的纹理、色彩、笔触等艺术风格特征，并通过优化算法将这些特征重新组合到一张新的图像中。风格迁移在多个领域都有广泛的应用。

- **社交沟通**：在社交网站上，用户可以上传自己的照片并选择不同的艺术风格进行迁移，从而分享具有独特风格的艺术作品。
- **辅助创作工具**：风格迁移可以作为画家等艺术家的辅助创作工具，帮助他们更方便地创作出特定风格的艺术作品。
- **娱乐应用**：在电影、动画和游戏的创作中，风格迁移可以降低创作成本，节省制作时间，并为用户提供更多样化的视觉体验。

下面利用豆包将图像转换为莫奈风格图像。

步骤01 在豆包中单击"参考图"按钮，上传如图5-31所示的图像，并输入提示词：

将这幅雪景照片转换为莫奈绘画风格，保留原图的构图和元素，采用松散、零乱且短小的笔触，朦胧梦幻的意境，明亮的光线和丰富的色彩层次，印象派风格，高分辨率。

步骤 02 输入提示词后，单击"发送"按钮，系统将根据描述和参考图自动生成创意图像，效果如图5-32所示。选择与要求相符的图像进行保存即可。

图 5-31

图 5-32

练习6　从局部到全局的图像扩展

AIGC扩图是一种利用人工智能技术扩展图像边界或增加图像内容的方法。它通过深度学习模型预测并生成图像中缺失的部分，使图像在视觉上更加完整和自然。这种方法常用于以下场景。

- **艺术创作领域：** 借助AIGC扩图技术，艺术家可以突破画布的限制，将原本构思的局部画面拓展为更宏大的场景。
- **广告设计与营销：** AIGC扩图可以快速将原本适合小尺寸展示的广告图像扩展为适合户外广告牌、大型海报等大尺寸展示的画面。同时，还能根据广告主题增加相关元素。
- **游戏开发：** 游戏开发者在构建游戏场景时，使用AIGC扩图可以快速扩展游戏地图的边界和内容。
- **历史图像修复与还原：** 对于一些有残缺或边界受损的历史照片和图像，AIGC扩图可以帮助修复和还原。它通过分析图像已有的部分，预测并生成缺失的边缘和内容，使历史图像尽可能恢复到原始的完整状态，为历史研究和文化传承提供更有价值的资料。
- **电商产品展示：** 电商平台上的产品图片需要以各种尺寸和形式展示，AIGC扩图可以根据不同的展示需求，对产品图片进行扩展。

下面利用即梦AI为图片进行扩图。

步骤 01 在即梦AI中单击"智能画布"按钮，进入操作界面。单击"上传图片"按钮，在弹出的对话框中选择目标素材图片上传，移动图片至最左侧，如图5-33所示。

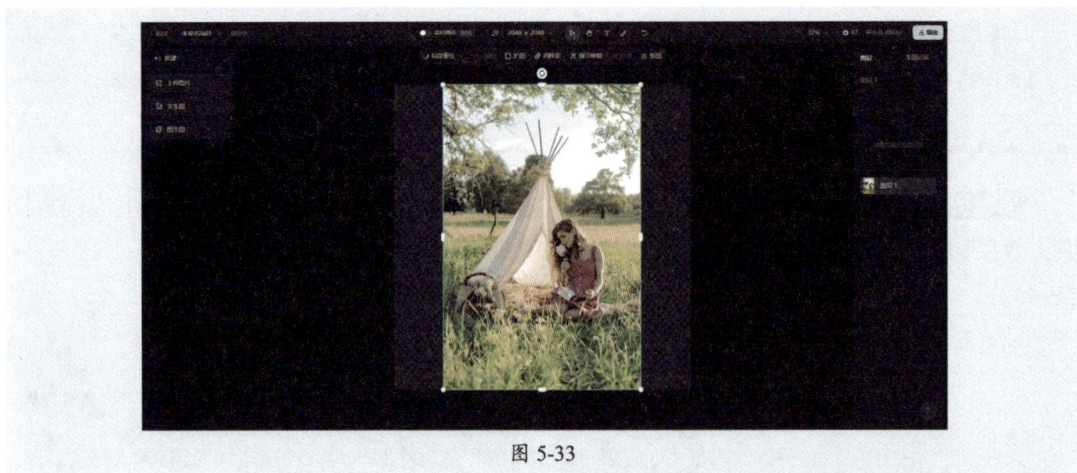

图 5-33

步骤 02 单击"扩图"按钮，设置画布比例为4：3，如图5-34所示，系统自动进行扩图处理。

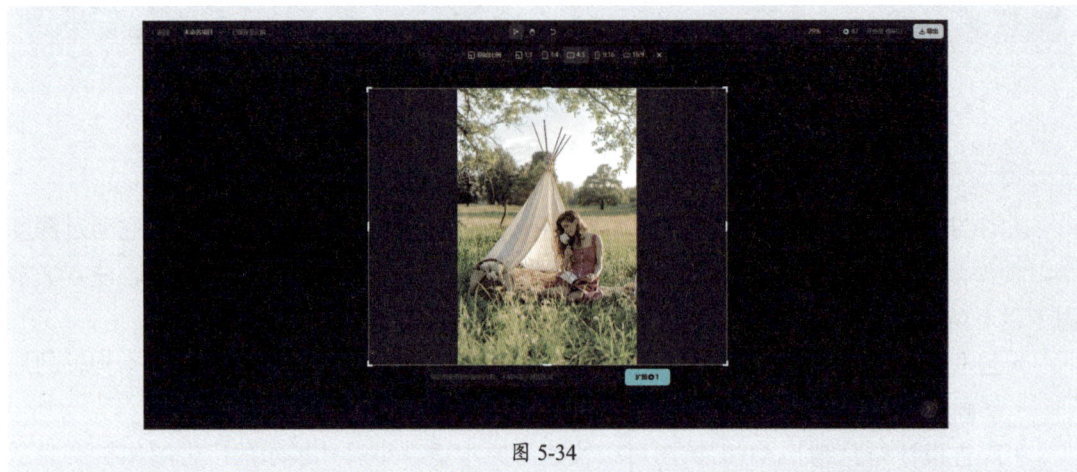

图 5-34

步骤 03 系统生成4种扩图效果，在界面右侧单击"图层1"下方的图片缩览图即可查看，如图5-35所示。选择与要求相符的图片进行保存即可。

图 5-35

练习7 私人宠物头像转绘

头像转绘是指利用AIGC技术将用户的普通照片转换为具有特定风格或主题的头像。例如，将用户的照片转换为卡通风格、油画风格、赛博朋克风格以及古风风格等。它常用于社交媒体、游戏领域、商业用途以及艺术创作等。使用AIGC转绘头像的优势如下。

- **个性化定制**：能够根据用户的具体需求和喜好，将普通照片转化为各种独特风格的头像，满足用户对于个性化表达的追求，使每个人都能拥有独一无二的专属头像。
- **操作便捷高效**：借助AIGC技术，用户只需上传照片并选择喜欢的风格模板，即可快速生成转绘后的头像，无须具备专业的绘画技能或设计知识，大大节省了时间和精力。
- **风格多样灵活**：可以实现多种不同的艺术风格和主题，涵盖了从古典到现代、从写实到抽象等各种风格类型。用户可以根据不同的场合和心情随时更换头像风格，展现不同的自我。
- **成本较低**：相比聘请专业的画师进行头像创作，头像转绘的成本通常较低，普通用户可以通过免费或低成本的在线工具实现照片转绘，具有较高的性价比。

下面利用即梦AI将宠物照片转绘为卡通头像效果。

步骤01 准备一张宠物照片，以图5-36所示为例。打开即梦AI，进入操作界面。单击文本框中的"导入参考图"按钮，上传图片，效果如图5-37所示。单击"保存"按钮。

图 5-36

图 5-37

步骤02 继续输入提示词：

> 将该图转绘为卡通效果，简单的图形，高饱和度的颜色，卡通，粗线条的笔触，头像设计。

步骤03 输入提示词后，单击"立即生成"按钮。系统将根据描述自动生成创意图片，如图5-38所示。选择与要求相符的图片进行保存即可。

图 5-38

练习8 电商产品背景替换

在电商产品展示环节，精准地将产品主体从原始背景中剥离出来，是呈现产品最佳效果的基础。随着AIGC技术的蓬勃发展，深度学习模型为背景抠除带来了更高的精度。通过对海量电商图像数据的学习，深度学习模型能够敏锐捕捉产品与背景间的边界和特征差异，从而实现产品主体与背景的精确分离。

背景合成则是电商产品视觉优化的关键后续步骤，指在成功完成背景抠除后，将分离出的产品主体与精心挑选的新背景图像巧妙融合，生成极具吸引力的合成图像。在此过程中，光线、色彩、风格等因素的匹配度至关重要。背景合成技术在电商商品详情页制作、广告投放素材设计等方面广泛应用，极大地提升了电商产品的视觉吸引力和营销效果。

下面利用豆包完成图像的抠取与合成。

步骤 01 在豆包的"图像生成"界面中，单击如图5-39所示的"AI抠图"按钮，在弹出的"打开"对话框中选择要上传的图像，单击"打开"按钮完成上传，如图5-40所示。

图 5-39

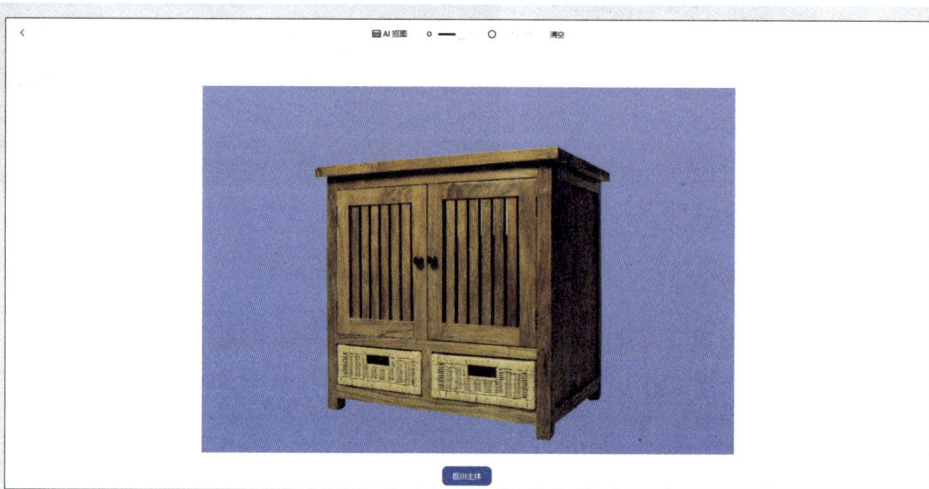

图 5-40

步骤 02 单击"抠出主体"按钮，系统开始对图像进行处理，效果如图5-41所示。

图 5-41

步骤 03 单击"智能编辑"按钮，输入提示词：

> 选择柔和、温暖的色调作为背景的主色调，橱柜被放置在一个客厅或餐厅的一角。墙上可以挂一些自然风景的画作，增加空间的温馨感。

步骤 04 单击"发送"按钮，系统将根据描述自动生成与之适配的背景，生成的图像效果如图5-42所示。

图 5-42

练习9　快速消除图像中的人物

AIGC技术利用深度学习算法，能够智能识别并精准去除图像中的水印与瑕疵，包括但不限于文字水印、图案水印、划痕、污渍、路人等。这一过程首先通过训练好的模型分析图像的特征，识别出水印和瑕疵的位置。接着，系统运用图像修复技术，结合周围像素的信息，自动填补被去除部分的空白区域，从而恢复图像的完整性与自然感。

下面利用佐糖完成图像中人物的擦除。

步骤 01 进入到佐糖官网，依次单击"AI图片消除笔"按钮和"上传图片"按钮，在弹出的"打开"对话框中选择要上传的图片，效果如图5-43所示。

步骤 02 使用笔刷工具涂抹需要擦除的部分，如图5-44所示。

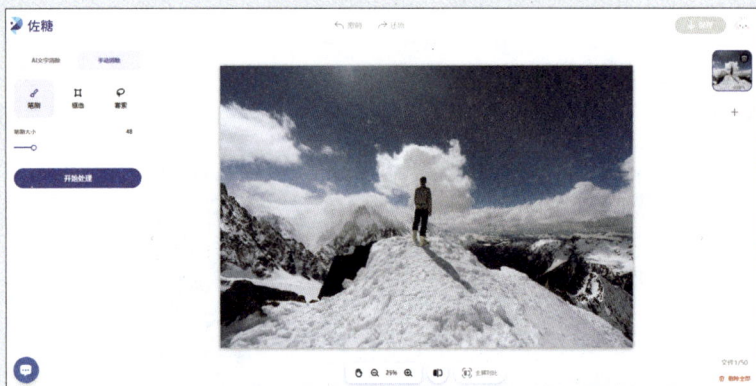

图 5-43

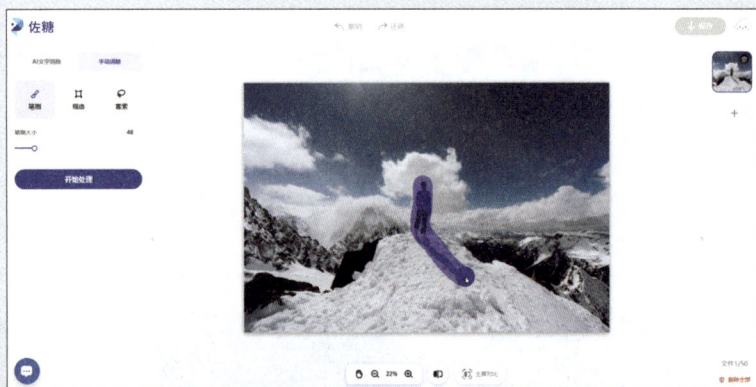

图 5-44

步骤 03 单击界面左侧的"开始处理"按钮，系统进行擦除处理，效果如图5-45所示。单击右上角的"保存"按钮，即可保存消除人物后的图片。

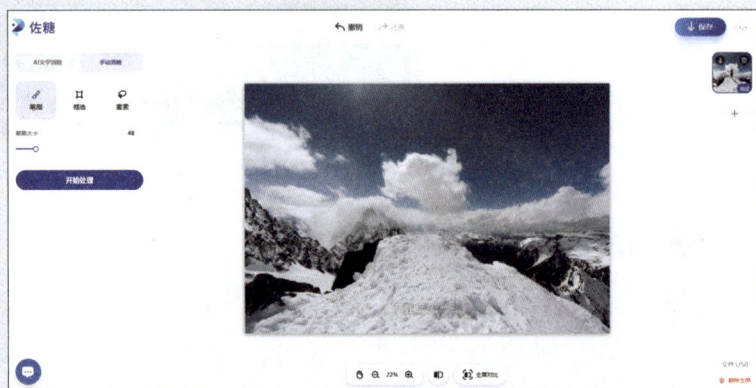

图 5-45

练习10 黑白照片一键上色

图像上色是指将黑白或灰度图像转换为彩色图像的过程。AIGC技术通过深度学习模型可自动为图像添加颜色，使其更加生动和真实。该技术的应用场景如下。

- **历史文化**：为珍贵的黑白历史照片和影像上色，助力历史研究，重现往昔场景，让大众更直观地感受历史。
- **影视娱乐**：为经典黑白电影上色重映，提升观影体验；在前期制作中，快速为分镜草图上色辅助创作；修复老旧影片画面。
- **动漫游戏**：为动漫线稿和游戏素材快速上色，提高制作效率，打造复古风格，重制经典作品。
- **艺术创作**：艺术家为黑白作品添彩，探索新的表达方式；用户对个人黑白照片进行彩色化定制，用于纪念或分享。
- **教育教学**：教师利用上色图像辅助历史、地理、美术等学科的教学，帮助学生理解知识，学习色彩技巧。
- **广告营销**：为广告素材上色，增强视觉吸引力，提升广告的传播效果和产品的营销转化率。

下面利用佐糖完成黑白图像的上色效果。

步骤 01 在佐糖官网中，依次单击"黑白照片上色"按钮和"上传图片"按钮，在弹出的"打开"对话框中选择要上传的图片，效果如图5-46所示。

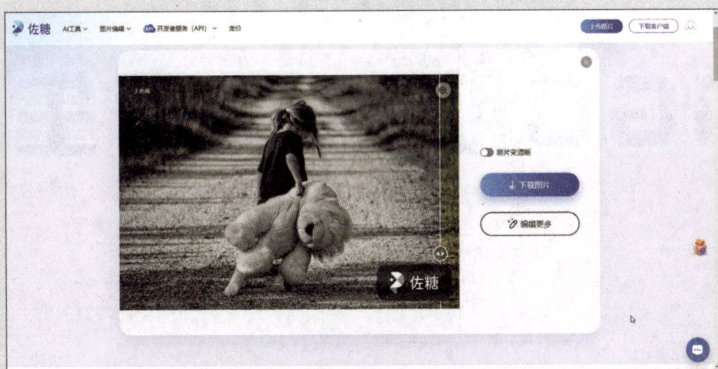

图 5-46

步骤 02 往左滑动可以查看上色效果，如图5-47所示。单击右侧的"下载图片"按钮即可保存图像。

图 5-47

第6章

音频合成：
AIGC助力声音生成

内容导读

传统音频创作方式效率较低，耗时较长，从构思到完成可能需要数周甚至数月的时间。引入AIGC技术后，音频创作可在几分钟内生成音乐片段或完整作品，大大提高了创作效率，实现了普通人也能上手创作的愿望。本章将着重介绍AIGC技术在音频领域中的应用，包括语音合成、音乐生成、音频剪辑等内容。

要点与难点

- 音频的基本概念
- 常用AIGC音频工具
- AIGC语音合成
- AIGC音乐生成
- AIGC音频处理

跟我做 制作情感故事播客节目

　　播客是一种数字音频或视频节目，通常以系列形式发布。用户可以随时随地收听自己感兴趣的内容，不像传统广播一样受播放时间的限制。播客涵盖主题很广，包括新闻、教育、故事、访谈、音乐、文化等。下面将利用剪映、海绵音乐、Audition等工具来制作故事分享播客节目。

　　步骤01 利用DeepSeek工具生成故事内容。打开DeepSeek工具，输入以下提示词：

> 请以"你是我最美的等待"为主题，创作一篇情感类小故事，用于播客平台中。

　　内容生成如下：

故事标题：你是我最美的等待

开场白：

（背景音乐：轻柔的旋律）

　　大家好，欢迎收听今天的播客节目。今天的故事，关于等待，关于爱情，也关于那些藏在时光里的美好瞬间。故事的名字叫《你是我最美的等待》，希望它能让你想起那个值得等待的人。

故事正文：

第一章：初遇

　　那是一个秋天的傍晚，夕阳把天空染成了橘红色。林夏站在图书馆门口，手里抱着一摞书，低头翻找着借书卡。突然，一阵风吹过，书页哗啦啦地翻动，一张纸从书里飘了出来。

　　"这是你的吗？"一个温和的男声在耳边响起。

　　林夏抬起头，看到一个男生正弯腰捡起那张纸。他穿着一件白色衬衫，笑容干净得像秋天的阳光。

　　"谢谢。"林夏接过纸，发现那是一张她随手画的素描，画的是图书馆的窗台。

　　"你画的？"男生问。

　　林夏点点头，有些不好意思。

　　"画得真好，"男生笑着说，"我叫顾言，是美术系的。"

　　"我叫林夏，中文系的。"

　　那一刻，林夏觉得，这个秋天好像比往年更温暖一些。

第二章：等待

......

结尾：

（背景音乐渐强）

　　有时候，等待是一件很漫长的事，但如果有一个人值得你等待，那么所有的时光都会变得美好。愿我们都能找到那个愿意等待的人，也愿我们都能成为别人生命中最美的等待。

感谢收听今天的播客节目，愿你的等待，终有回响。我们下次再见。

（背景音乐渐弱，结束）

步骤 02 **登录剪映，开始创作。** 打开并登录剪映专业版工具，在首页中单击"开始创作"按钮，进入创作界面，如图6-1所示。

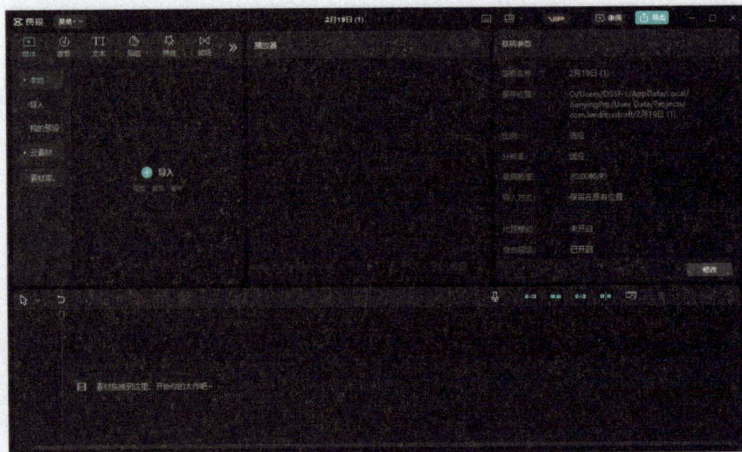

图 6-1

步骤 03 **添加"默认文本"框。** 选择工具栏中的"文本"选项，单击默认文本添加按钮，将其添加至时间轴中，如图6-2所示。

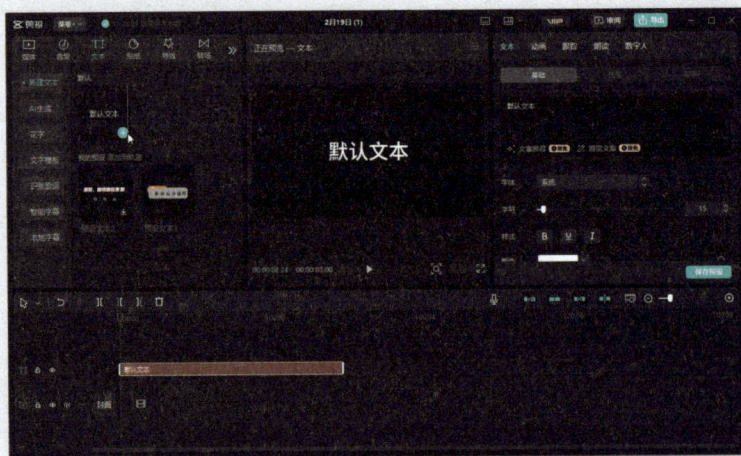

图 6-2

步骤 04 **复制故事文本。** 在右侧的"文本"面板中将DeepSeek生成的内容复制到文本编辑框中，如图6-3所示。

步骤 05 **转换音频。** 选择"朗读"选项，进入"朗读"面板，在此选择合适的主播音色，单击可试听音色。单击"开始朗读"按钮，即可将文本转换成音频，同时音频显示在时间轴中，如图6-4所示。

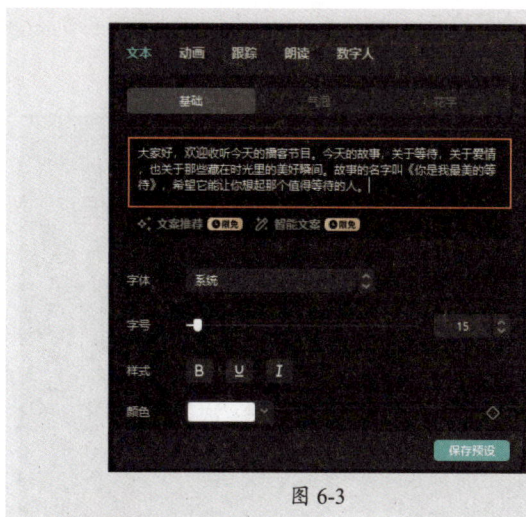
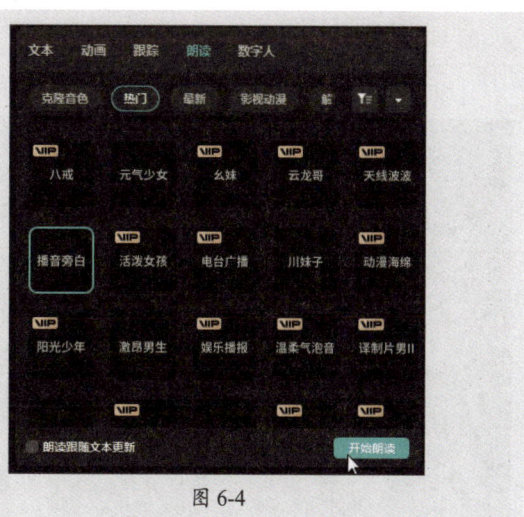

图 6-3　　　　　　　　　　　　　　　图 6-4

操作提示

剪映语音转换一次只能转换500字的文本，所以用户需分段进行文本转换。

步骤 06 **试听转换的音频**。在时间轴中选择转换的音频，按空格键可试听音频文件，如图6-5所示。

图 6-5

步骤 07 **调整音频时长**。有时音频停顿过短或过长时，需对其时长进行调整。将播放指针定位在需要分割的位置，单击"分割"按钮Ⅱ，分割当前音频。将光标放置在音频起始处，左右拖动光标即可调整时长，如图6-6所示。

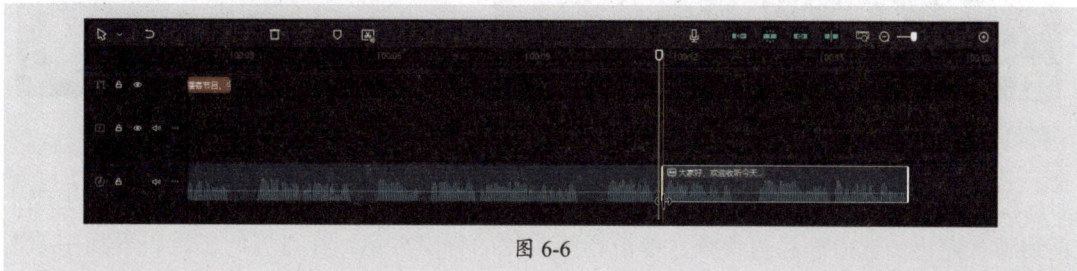

图 6-6

步骤 08 **转换故事其他段落文本**。按照同样的方法，完成其他段落的音频转换。音频调整好后，单击右上角的"导出"按钮，在"导出"对话框中选中"音频导出"复选框，并调整"标题"和"导出至"文本框，单击"导出"按钮，即可将此音频导出，如图6-7所示。

步骤09 **打开海绵音乐网。** 打开并登录海绵音乐官网，切换到"创作"界面，在"灵感创作"选项卡中单击"纯音乐"按钮，开启"纯音乐"模式，如图6-8所示。

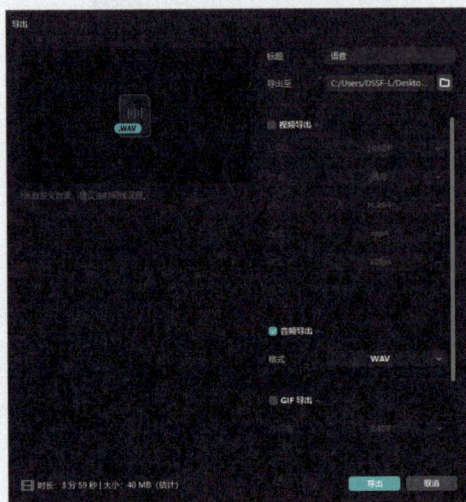

图 6-7

图 6-8

步骤10 **输入灵感提示词。** 在"输入灵感"文本框中输入"肖邦夜曲风格，温暖的音色，流畅的旋律线条，细腻的情感表达，用于播客背景乐。"提示词，如图6-9所示。

步骤11 **生成并试听音乐。** 单击"生成音乐"按钮，即可生成与之相关的3段音乐。单击音乐播放按钮，可对其进行试听，如图6-10所示。

图 6-9

图 6-10

步骤12 **下载文件。** 如果对生成的音频都不满意，可单击"生成音乐"按钮重新生成，直到满意为止。选中满意的音频，单击音频右侧的分享按钮，在打开的二维码界面中单击"下载视频"按钮，可下载当前文件，如图6-11所示。

步骤13 **视频转换为音频。** 当前下载的文件为视频文件，用户可使用格式工厂工具将其转换为音频文件。将视频拖曳至格式工厂的操作界面中，选择好音频格式，单击"确定→开始"按钮即可进行转换操作，如图6-12所示。

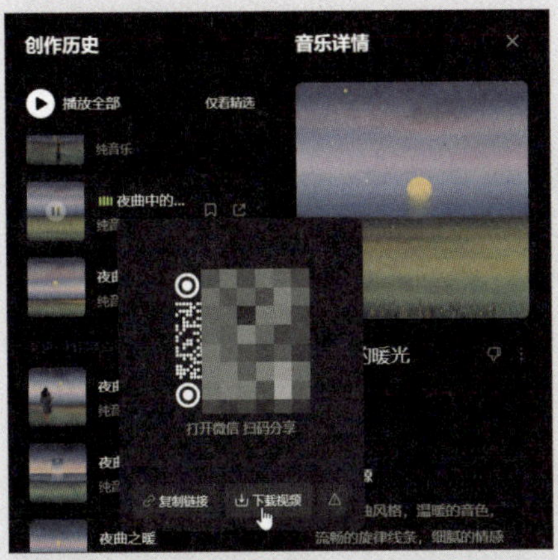

图 6-11

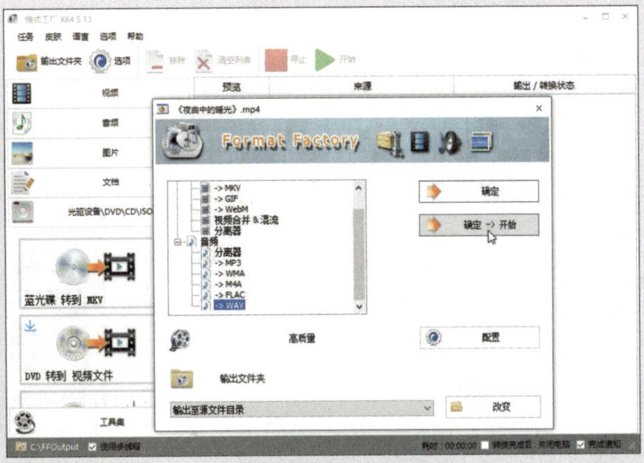

图 6-12

步骤14 **创建多轨会话**。打开Audition软件，在工具栏中单击"多轨"按钮，在"新建多轨会话"对话框中设置"会话名称"和"文件夹位置"。设置完成后单击"确定"按钮，进入多轨操作界面，如图6-13所示。

步骤15 **添加音频**。将语音和背景乐分别拖曳至轨道1和轨道2中，如图6-14所示。

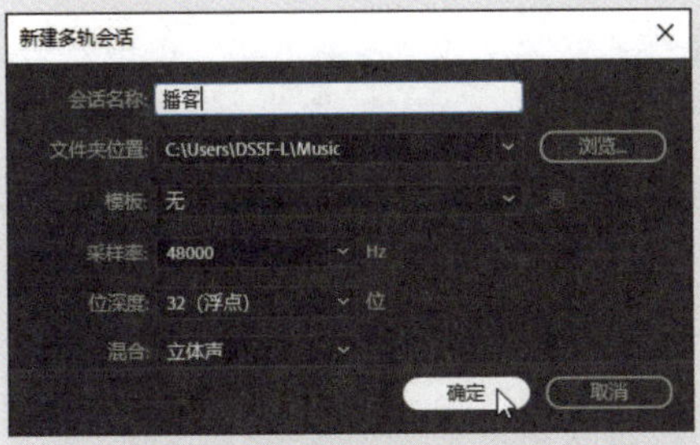

图 6-13

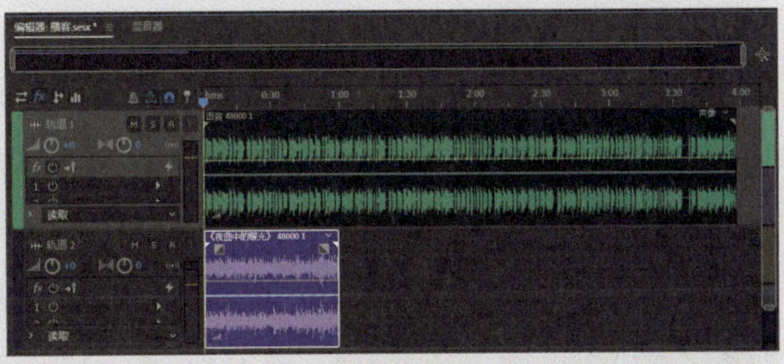

图 6-14

步骤16 **调整语音起始时间**。选中轨道1中的音频，将其向右移动至0:09.131节点处，错开两个音频的开始时间，如图6-15所示。

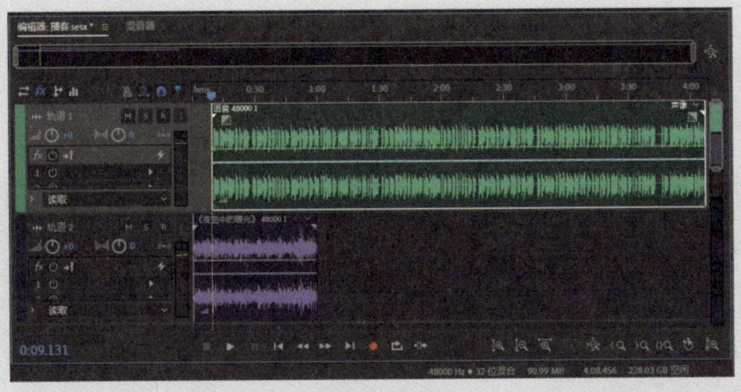

图 6-15

步骤17 **添加音量关键帧**。选中轨道2中的背景乐文件，将播放指针定位至0:28.064节点处，在背景乐的音量包络线上单击（播放指针处），添加关键帧，如图6-16所示。

步骤18 **继续添加音量关键帧**。在音量包络线上继续单击，添加第二个关键帧，并将其向下拖动，降低音量，以实现从高音到低音的过渡，如图6-17所示。

图 6-16

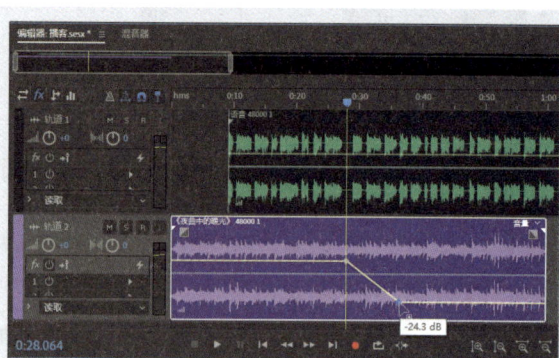

图 6-17

步骤19 **调整背景乐起始音量**。选中第一个关键帧，将其向下移动，降低起始音量，如图6-18所示。

步骤20 **制作结尾音乐**。选中背景乐，分别按Ctrl+C组合键和Ctrl+V组合键进行复制和粘贴，并将其放置在语音文件末尾处，作为结尾背景乐，如图6-19所示。

图 6-18

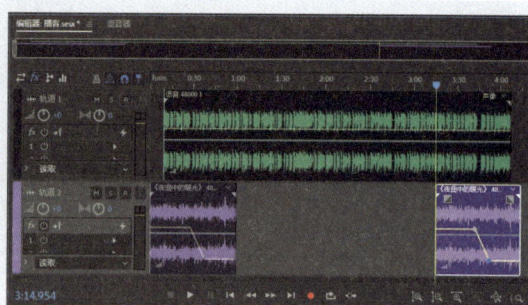

图 6-19

步骤21 **调整结尾音乐的音量**。在结尾音乐的音量包络线上再添加两个关键帧，并分别调整这4个关键帧的位置，以实现从低音到高音，再转至低音的过渡，如图6-20所示。

步骤22 **将折线音量包络转换为曲线**。右击音量包络线，在弹出的快捷菜单中选择"曲线"命令，如图6-21所示。

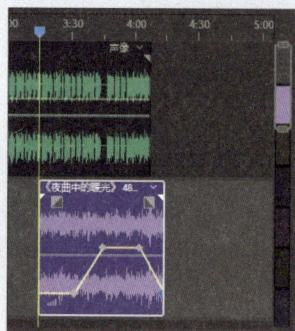

图 6-20

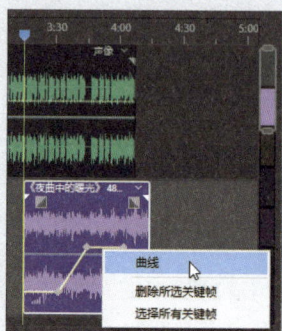

图 6-21

步骤 23 **转换开始音乐的音量包络线**。按照同样的方法，将开始音乐的折线音量包络转换为曲线，如图6-22所示。

步骤 24 **导出音频文件**。按空格键试听混合音频，确认无误后，在菜单栏中选择"文件"|"导出"|"多轨混音"|"整个会话"命令，在弹出的"导出多轨混音"对话框中设置"文件名""位置"和"格式"。设置完成后单击"确定"按钮，即可导出混音文件，如图6-23所示。

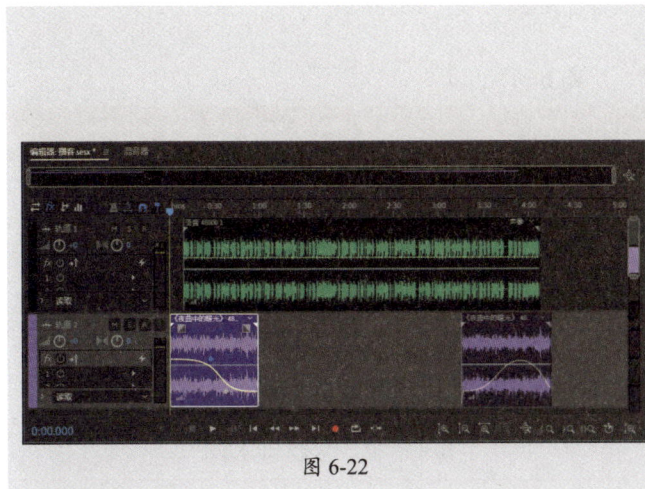

图 6-22

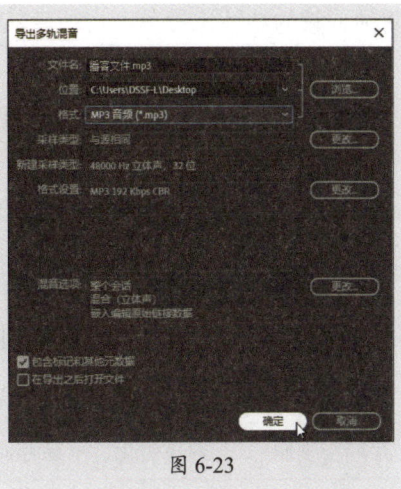

图 6-23

思考题

利用DeepSeek工具生成一个幽默段子，再用配音工具将其生成一段音频。

?

一起学

下面将对音频概念、AIGC音频工具，以及音频素材处理方法等知识点进行简单介绍，使用户对音频制作有一个全面的认识。

6.1　音频的基本概念

音频可分为模拟音频和数字音频两种。

模拟音频是将连续不断变化的声波信号通过某种方式转换成可记录或传输的电信号。早期模拟音频比较流行，例如磁带录音机就是通过磁头将模拟音频信号记录在磁带上。当播放磁带时，磁头再将这些信号转换成声波，通过扬声器播放出来。

随着数字技术的发展，模拟音频逐渐被数字音频所取代。数字音频是将模拟音频信号转换成一系列的数字代码，这些代码代表了声音信号在不同时间点的强度。虽然数字音频在处理、存储和传输上更加高效和方便，但模拟音频在某些方面（如音质、情感表达）仍然显示了独特的魅力。

模拟音频和数字音频各有特点和优缺点。模拟音频以其自然的音质受到许多音乐爱好者的青睐，而数字音频因其便捷性和稳定性在现代音频应用中占据主导地位。表6-1所示为两种音频的特性比较。

表6-1

特　　性	模拟音频	数字音频
信号类型	连续信号（在时间线上是连续的）	离散信号（在时间线上是断续的，由多个数据序列组成）
记录方式	通过物理介质（如磁带、黑胶唱片）	通过采样和量化
音质	自然、温暖，保留更多细节	稳定、清晰，压缩会丢失细节
噪声与干扰	易受干扰，会产生噪声	不易受干扰，音质稳定
存储与复制	容易劣化，不易存储	易于存储、复制和分享
常见格式	黑胶、磁带、AM/FM广播	WAV、MP3、FLAC、AAC

采样、量化、编码和压缩是模拟音频转换为数字音频的4个关键步骤。

1. 采样

采样是将连续的模拟音频信号转换为离散的数字信号的第一步。在这个过程中，音频采样系统会在特定的时间间隔内对模拟信号进行测量，并记录采样的振幅值。采样率指的是每秒钟采样的次数。采样率越高，数字波形的形状越接近原始模拟波形。采样率越低，数字波形的频率范围越狭窄，声音越失真，音质越差。

常见的采样率有44100 Hz（每秒采样44100次）和48000 Hz（每秒采样48000次）。表6-2所示为数字音频常用的采样率。

表6-2

采样率 / Hz	频率范围 / Hz	品质级别
11025	0～5512	比较差的AM电台（低端多媒体）
22050	0～11025	接近FM电台（高端多媒体）
32000	0～16000	优于FM电台（标准广播采样）
44100	0～22050	CD
48000	0～24000	标准DVD
96000	0～48000	蓝光DVD

2. 量化

量化是将采样得到的连续振幅值转换为离散值的过程。在这个过程中，采样的振幅值被映射到一组有限的数字值上。

量化的精度是由比特深度决定的，比特深度（也称为位深度）决定了每个采样点可用多少个不同的数值来表示。数值越高，每个采样点的精度越高，声音的动态范围也就越大。常见的比特深度有16位（提供65 536个可能的振幅值）和24位（提供16 777 216个可能的振幅值）。表6-3所示为不同比特深度及动态范围参考值。

表 6-3

比特深度 / 位	振幅值	动态范围 / dB	品质级别
8	256	48	电话
16	65 536	96	音频CD
24	167 77 216	144	音频DVD
32	4 294 967 296	192	最佳

3. 编码

编码是将量化后的离散值转换为数字格式的过程，通常涉及将每个量化值转换为二进制数（0和1的组合），例如16位量化的音频样本将被表示为16位的二进制数。编码的目的是让数字音频信号可以在计算机和其他数字设备中进行存储和处理。

4. 压缩

编码后的音频信号需要很大的存储容量来存放。为了减少数据量、提高传输速率，就需要对其进行数据压缩，以减少文件大小。压缩音频可分为有损压缩和无损压缩两种。

- **有损压缩**：在压缩过程中会丢失一些音频信息，常见的格式有MP3、AAC等。这种压缩方式通常通过智能算法丢弃掉一些人耳难以察觉的数据，如人耳不敏感的高频和低频声音，从而减少文件大小。
- **无损压缩**：在压缩过程中不会丢失任何音频信息，常见的格式有FLAC、WAV等。这种方式保留了原始音频的完整性，其文件相对较大，但比原始文件小得多，比较适合用于对音质要求很高的场合。

6.2 音频的常见格式

音频格式有很多，每种格式都有其优缺点和适用场景。下面将对一些常见的音频格式进行介绍。

1. 有损音频格式

有损音频格式有MP3、AAC、WMA等，它们都会在压缩过程中丢失一些音频信息，以此缩小文件大小。该格式文件比较适合一般听音乐的需求。

- **MP3格式：** 主流的音频格式，有良好的音质与文件大小平衡，被广泛用于音乐下载和流媒体。
- **AAC格式：** 一种更高级的音频格式。在相同比特率下，其音质通常优于MP3格式，被广泛用于流媒体和数字广播。
- **WMA格式：** 微软系统开发的一种有损音频格式，其音质与MP3相当，适用于Windows平台。

2. 无损音频格式

无损音频格式有WAV、FLAC、ALAC、AIFF等。它们在压缩过程中不会丢失任何音频信息，最大限度地保留了原始音频数据，音质相对较高，但文件体积较大。

- **WAV格式：** 音质非常高，它会保留所有音频细节动态范围，更接近于原始音频，适用于专业音频制作、录音和编辑领域。
- **FLAC格式：** 一种开源的无损压缩音频格式。它在保持音质的同时减少文件大小，适用于高保真音频存储。
- **ALAC格式：** 由苹果公司开发，与FLAC格式相似，但它在苹果系统（如iTunes、iPhone、iPad、Mac等）上具有很好的兼容性。ALAC的压缩效率比FLAC略低。由于是无损压缩，其比特率会根据音频内容的复杂性而发生变化，适用于不同的音频质量需求。
- **AIFF格式：** 由苹果公司开发，类似于WAV格式，具有高音质特点，适用于专业音频的制作与应用。

3. 其他格式

除了以上两类音频格式外，还有其他一些常见的格式，如M4A、BWF、DSD等。

- **M4A格式：** 使用AAC编码的MPEG-4标准存储文件，常用于苹果系统的设备上。它能够在较低比特率下提供高质量的音频，音质优于MP3格式。
- **BWF格式：** 一种扩展的WAV格式。它能够包含丰富的元数据，包括艺术家、专辑、曲目名称、封面图片等信息，适用于广播和专业音频制作，便于音频文件管理。
- **DSD格式：** 一种高解析度音频格式。它可提供非常高的音质，尤其是在高频和动态范围方面，比标准CD音质还要好，适合音频发烧友使用。该格式文件体积较大，不方便存储和传输。兼容性较低，只能在特定的硬件和软件中才能播放该格式的文件。

6.3　音频的声道制式

声道制式是指音频信号中声道的配置方式，它决定了音频在空间中的分布方式。声道制式的选择对音频的空间感、清晰度和沉浸感有重要影响，常见的声道制式有单声道、立体声道、环绕立体声等。

1. 单声道

单声道音频是使用一个声道传输声音，所有音频信号都通过这一个声道播放。无论使用多少个扬声器或耳机，播放的音频信号都是相同的，所以缺乏空间感。但文件体积较小，适合语音录音和播客等内容。

2. 立体声道

立体声道是使用两个独立的声道（左声道和右声道）传输声音信息。这种配置方式能够模拟声音的来源，提供空间感和方向感。

立体声道可增强听觉体验。在音乐和电影制作中，立体音频能够更好地展现声音的层次和细节。但文件体积较大，录制或音频处理需要更复杂的设备和技术，只有这样才能确保两个声道的同步和质量。

3. 环绕立体声

环绕立体声是使用多个声道（通常是5个或更多）在空间中的不同位置播放，从而创造出声音环绕效果。这种技术不仅保留了声音的方向感，还增强了声音的纵深感、临场感和空间感，使听众仿佛置身于音乐或电影的场景之中。

6.4　常用AIGC音频工具

音频工具大致分为语音合成类、音乐生成类、音频编辑类3种。例如，Adobe Audition软件就是一款非常专业的音频编辑工具，它集成了人工智能技术，可帮助用户快速对音频进行降噪、修复和音效处理，以及音频的智能提取等操作，大大提升了用户创作效率。图6-24所示为Audition软件操作界面。

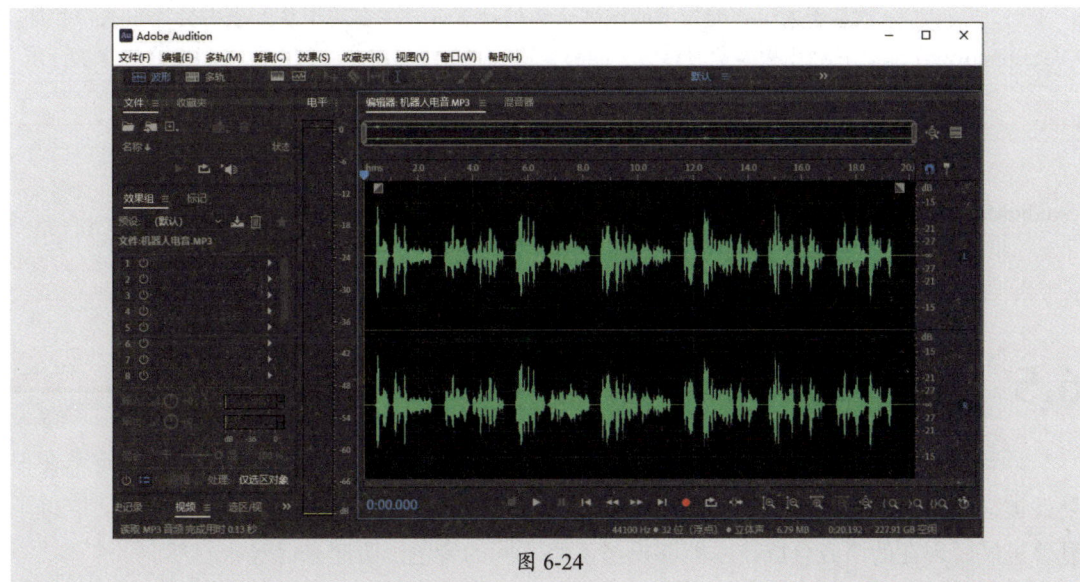

图 6-24

除了上述这些专业工具外，还有很多AIGC小工具也很实用，如讯飞智作、网易天音、剪映等，具体介绍如表6-4所示。

表 6-4

工 具	介 绍
讯飞智作	由科大讯飞推出的一款AI虚拟数字人视频制作工具，旨在帮助用户高效、灵活地定制音视频作品。讯飞智作中的讯飞配音功能具备高质量的语言合成功能，可将文本转化为自然流畅的语音，主要应用于语音助手、听书等场景
TTSMAKER	一款优秀的文字转语音工具，提供免费的在线文字转语音服务，支持超过100种语言和风格，可满足不同用户的需求
网易天音	由网易推出的AI语音识别与语音合成工具，主要应用于语音识别、语音转写、语音合成等领域。该工具结合了网易在人工智能领域的技术优势，尤其是在自然语言处理和语音识别上的研究，致力于为用户提供高效、智能的语音解决方案
通义听悟	由阿里云匠心打造的一款AI音视频智能转录神器，专注于音视频内容的智能处理，旨在提高用户在工作和学习中的效率。该工具依托于阿里云的前沿AI技术，实现了高精度的音视频转写，能确保信息的完整性和准确性
Resemble AI	基于人工智能的语音合成工具，主要用于生成高质量的定制语音。该工具使用先进的深度学习技术，能够创建个性化、自然流畅的语音，并广泛应用于广告、游戏、虚拟助手、播客等多个领域
海绵音乐	AI音乐创作工具，专注于为用户提供自动化的音乐生成和创作服务。该工具采用深度学习技术，能够根据用户的需求生成各种风格的音乐
剪映专业版	由抖音官方推出的视频编辑应用。它提供了全面的视频剪辑功能，其中包括音频调整。利用剪映可以进行音频的提取、音频变速、音频降噪、音频变声、音效添加等操作
Vocalremover	一款基于人工智能技术的在线音频处理工具，主要用于从音乐中分离出人声和伴奏。它利用深度学习算法，能够快速、高效地将混合音频中的人声部分与背景音乐分离，适用于音乐制作、卡拉OK制作、音频编辑等多种场景
AudioMass	一款免费、开源的在线音频和波形编辑器，无须下载软件或安装插件。它可以对音频中某一片段单独应用效果，操作非常灵活。它提供节奏和速度调整工具，具备失真、延迟、反转、混响等音效，以及压缩、剪切、修剪、复制等基础功能，对初学者十分友好

6.5 AIGC语音合成

语音合成是指通过人工智能技术生成自然、流畅的语音输出。虽然语音合成技术在很早就被应用，但其生成的语音刻板、生硬。随着技术的发展，AIGC在语音合成方面取得了显著进展。现在的语音合成技术能够模仿人类不同的音色，听起来已经很自然。

语音合成的应用领域主要有以下几种。

1）有声书和播客

如Audible和喜马拉雅两大平台会使用AI语音技术将书籍和文章转换为有声书。用户可以选择不同的声音，比如男性或女性的声音，甚至可以调节语速。这让平时忙碌的人们可以在闲暇之余轻松"听书"，提高时间的利用效率。

2）在线教育

很多在线学习平台会使用AI语音技术将课程内容生成语音讲解，甚至可根据学生的实时提问生成解答，从而帮助学生更好地理解复杂概念。

3）游戏和虚拟现实

在一些视频游戏中，角色的对话可以通过AI语音技术实时生成。例如，在角色扮演游戏中，玩家与游戏中的角色互动时，系统会根据玩家的选择生成不同的对话。这样可增强游戏的沉浸感，让玩家感受到更真实的互动体验，提升游戏的趣味性。

4）智能助手

如百度的小度、小米的小爱同学以及智能导航系统，都是利用AI语音技术和用户进行实时互动，帮助用户获取有用的信息，这在一定程度上提升了生活的便利性。

AI语音合成工具有很多，比如魔音工坊、讯飞智作、剪映、TTSMAKER等。图6-25所示为TTSMAKER在线配音工具界面。

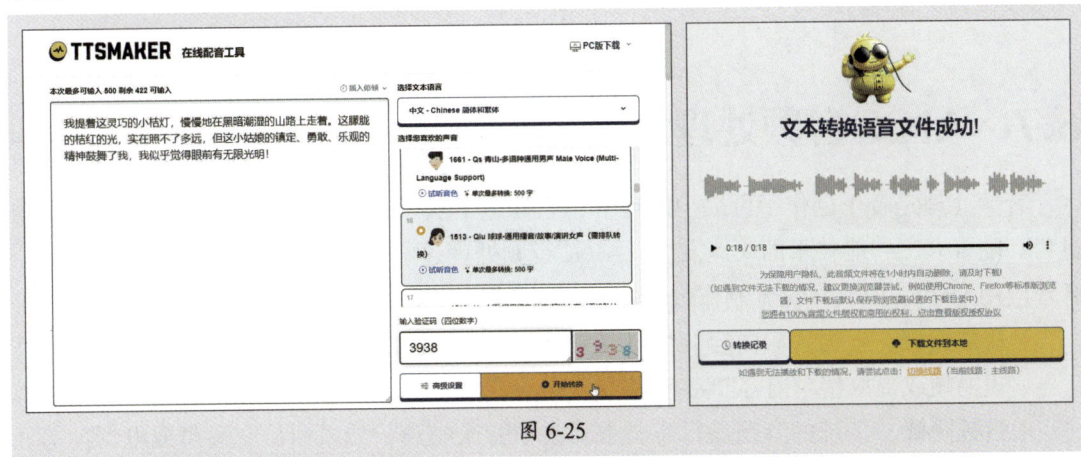

图 6-25

6.6 AIGC音乐生成

AIGC技术在音乐生成方面的应用越来越广泛，许多工具和平台能够让用户轻松创建和生成音乐。音乐生成技术可应用在以下几个方面。

- **音乐创作：**利用AIGC技术可以帮助音乐创作者快速生成旋律、和声和节奏，让音乐人快速获得灵感，完成整首曲子的编写。
- **乐器伴奏：**AIGC技术可用来生成乐器伴奏，为歌曲增添丰富的层次感。无论是吉他、钢琴还是电子合成器，都可以用AIGC模拟出它们的声音。
- **音乐编曲：**利用AIGC技术可以分析已有的音乐作品，并根据特定的风格生成新的编曲方案。

在音乐生成方面，也有很多优秀的AIGC工具供用户选择，例如天工AI、网易天音、海绵音乐等。图6-26所示为海绵音乐首页。

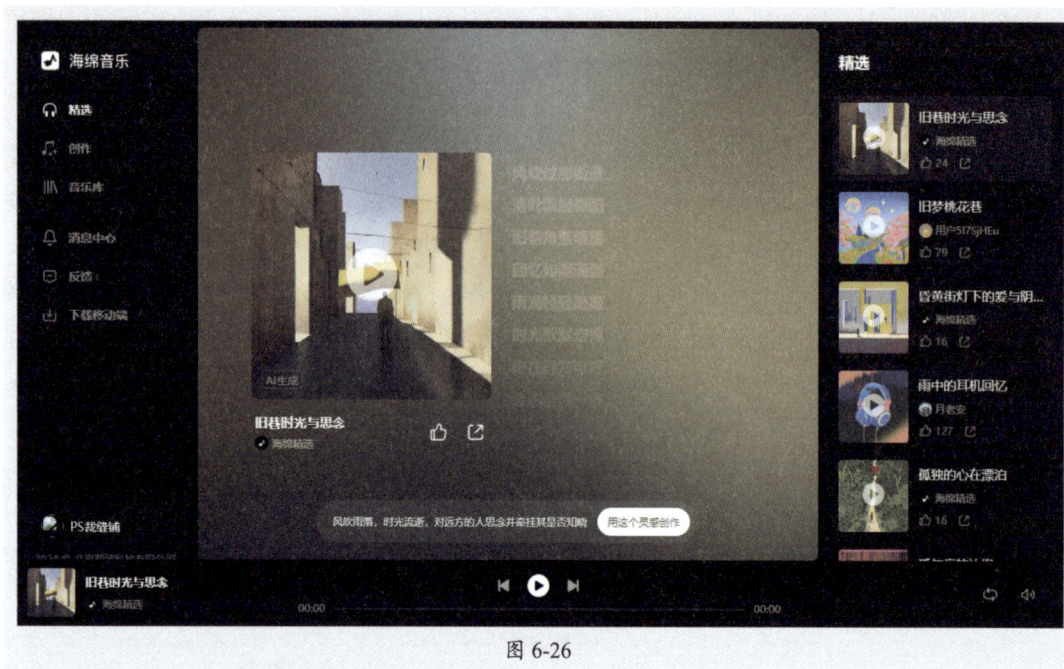

图 6-26

6.7 AIGC音频处理

音频处理是音乐创作不可缺少的环节，它涵盖了从录音、编辑、混音到母带处理的全过程。随着人工智能技术的快速发展，AIGC音频处理逐渐成为音乐制作领域的重要工具。合理应用AIGC工具，可提升制作效率，节省用户操作时间，具体表现在以下几个领域中。

- **音频剪辑**：根据音频内容的特点，自动识别出重要的片段并进行剪辑。这对于制作短视频或提取精华内容非常有用。
- **音频降噪**：传统的音频编辑需要手动去除背景噪声，如风声、交通声或电器声等，这通常需要专业的技能和大量的时间。而AIGC技术能够自动识别并去除这些噪声，使得音频更加清晰。
- **音频修复**：在处理老旧或损坏的录音时，AIGC可以自动修复音频中的瑕疵，如杂音、失真或音频缺失。这对于恢复历史录音或老电影的音频很实用。
- **音频混响**：AIGC可以根据音频风格自动生成或优化音频、平衡音轨、调整音频空间感，使得音频更具立体感和沉浸感。
- **音频分离**：AIGC可以自动提取音频中的特定元素，例如人声、乐器、古典等，为音乐创作、声音修复提供了极大的便利。

AIGC音频处理工具主要偏向音频降噪、分离或修复方面。例如，Vocalremover就是一款很实用的在线音频分离工具，可以精确去除或分离音频中的人声，同时保留其他音轨或乐器声，如图6-27所示。

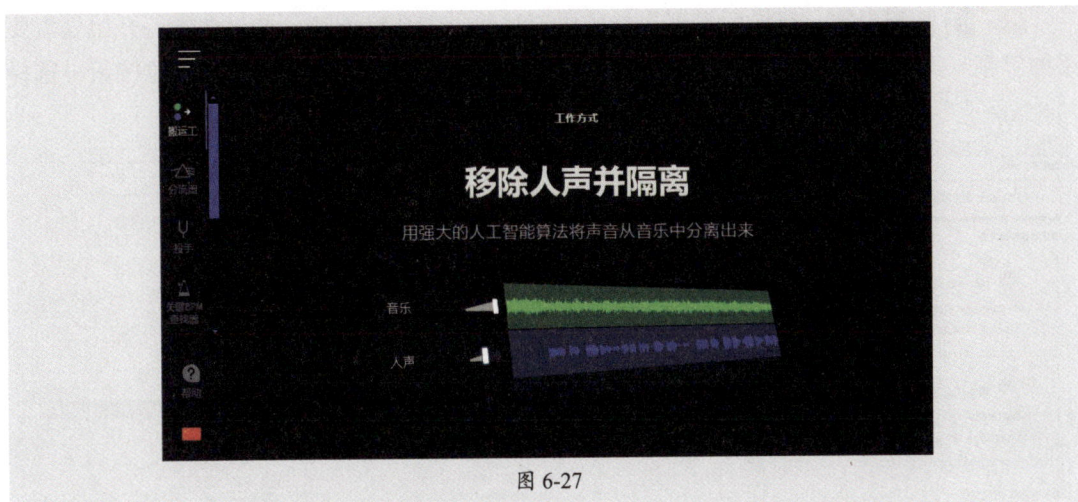

图 6-27

自己练

对音频的基本概念和工具有了大概的了解后，接下来我们通过小练习来熟练这些音频工具的使用方法，以便能够快速上手操作。

练习1 生成唐诗诵读片段

下面将利用TTSMAKER在线配音工具制作唐诗《陋室铭》诵读片段。

步骤01 输入唐诗文本内容。 打开TTSMAKER官网（https://ttsmaker.cn/），在文本框中输入唐诗内容，如图6-28所示。

步骤02 选择合适主播音色。 在界面右侧选择文本语言，这里默认为中文。在"选择您喜欢的声音"列表中选择合适的主播音色，单击"试听音色"按钮可以试听，如图6-29所示。

图 6-28

图 6-29

步骤03 转换操作。 在"输入验证码"文本框中输入四位验证码，单击"开始转换"按钮，稍等片刻即可转换完成。系统会自动播放转换后的语音效果，如图6-30所示。

步骤 **04** **高级设置**。转换后发现主播的语速过快，需放慢语速，并且在古诗开始处需要添加停顿。这时可单击"高级设置"按钮，在其列表中单击"调节语速"下拉按钮，选择"0.85x降速"选项，如图6-31所示。

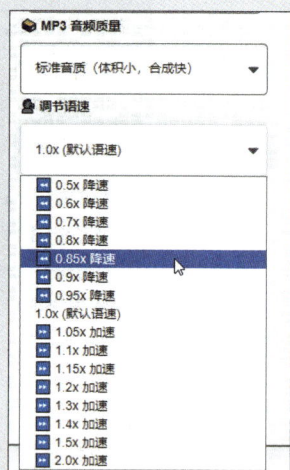

图 6-30　　　　　　　　　　　图 6-31

步骤 **05** **设置停顿节点**。在文本框中将光标定位至古诗起始处，单击右上角的"插入停顿"下拉按钮，在列表中选择"2秒"选项，此时在光标处即可插入一个2秒的停顿节点，如图6-32所示。

步骤 **06** **转换并下载设置**。设置完成后，再次输入四位数的验证码，单击"开始转换"按钮进行转换操作。试听确认无误后，单击"下载文件到本地"按钮，可将转换的音频下载到本地电脑，如图6-33所示。

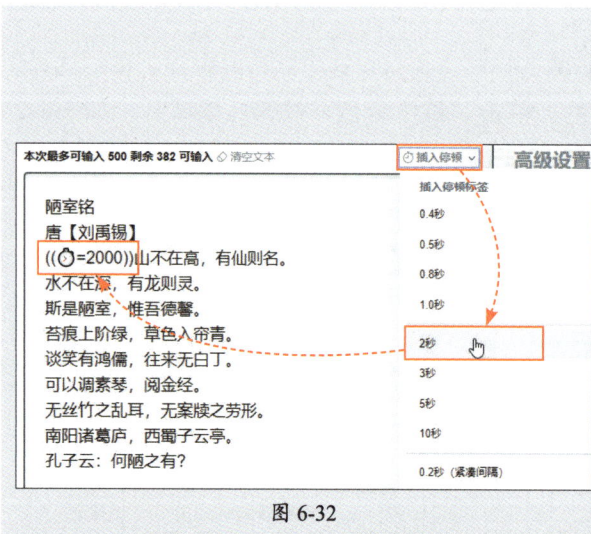

图 6-32　　　　　　　　　　　图 6-33

练习2　生成古诗诵读配乐

若想为生成的古诗诵读片段添加配乐，以丰富音频内容，那么就可使用一些音乐生成工具进行操作。这里以海绵音乐工具为例，介绍配乐生成的方法。

步骤01 输入灵感提示词。 打开并登录海绵音乐网站（https://www.haimian.com/），进入"创作"界面，在"定制音乐"面板的"灵感创作"选项卡中单击"纯音乐"按钮，开启纯音乐模式。在"输入灵感"文本框中输入提示词，如图6-34所示。

> 提示词：钢琴音色轻柔，节奏舒缓，表现出《陋室铭》中作者淡泊明志、宁静致远的人生态度。

步骤02 生成音乐并试听。 单击"生成音乐"按钮，稍等片刻即可生成3段音乐。用户可单击播放按钮试听音乐。如不合适，可再次单击"生成音乐"按钮，重新生成。

步骤03 下载音乐。 选择合适的音乐后，单击"下载视频"按钮，即可将其下载至本地电脑中，如图6-35所示。

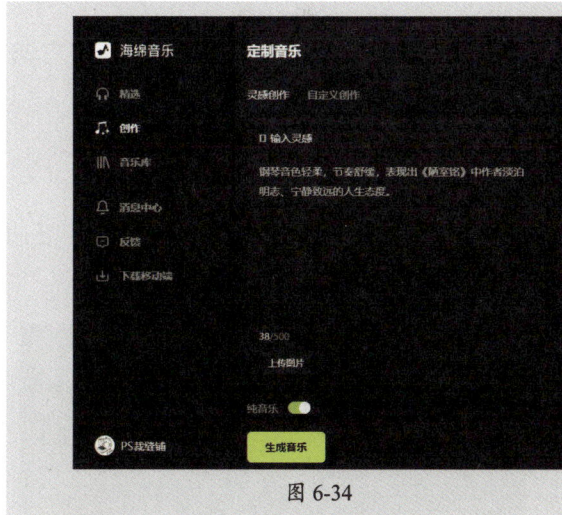
图 6-34

图 6-35

步骤04 转换文件格式。 下载后的文件是MP4视频格式，用户可使用格式工厂工具将其转换为音频格式，如图6-36所示。

步骤05 打开剪映，加载音频。 打开剪映专业版工具，在首页中单击"开始创作"按钮，进入该界面。直接将古诗的语音和配乐素材拖曳至时间轴中，如图6-37所示。

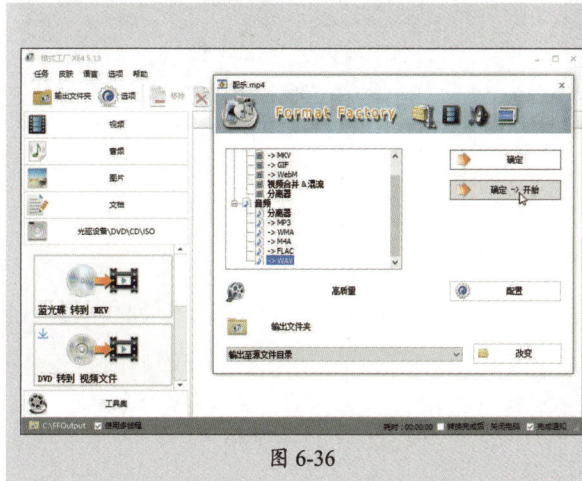
图 6-36

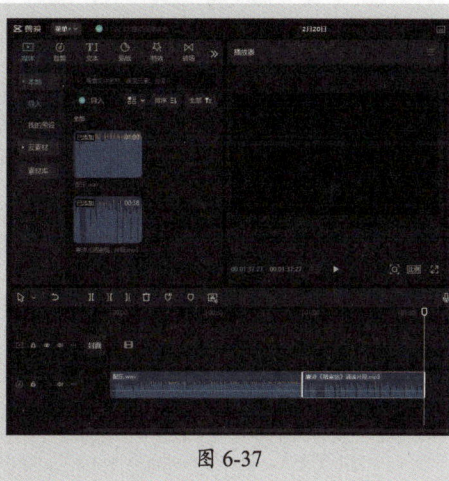
图 6-37

步骤 06 **调整音频位置**。在时间轴中分别拖动两段音频，调整音频的位置，如图6-38所示。

步骤 07 **调整配乐时长**。将光标移至配乐文件结尾边界框上，按住鼠标左键不放，将其向左拖曳至合适位置，调整该音频的时长，如图6-39所示。

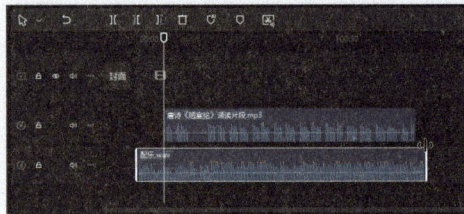

图 6-38　　　　　　　　　　　　　　　图 6-39

步骤 08 **调整配乐的音量及淡出参数**。在界面右侧的"基础"面板中设置该音频的"音量"和"淡出时长"参数，如图6-40所示。

步骤 09 **试听合成效果**。将光标放置在时间轴起始位置，按空格键试听音频合成效果。

步骤 10 **导出合成音频**。试听确认无误，即可将其导出。单击界面右上角的"导出"按钮，在"导出"面板中设置"标题"和"导出至"文本框，然后选中"音频导出"复选框，调整导出格式。设置完成后单击"导出"按钮，即可导出音频，如图6-41所示。

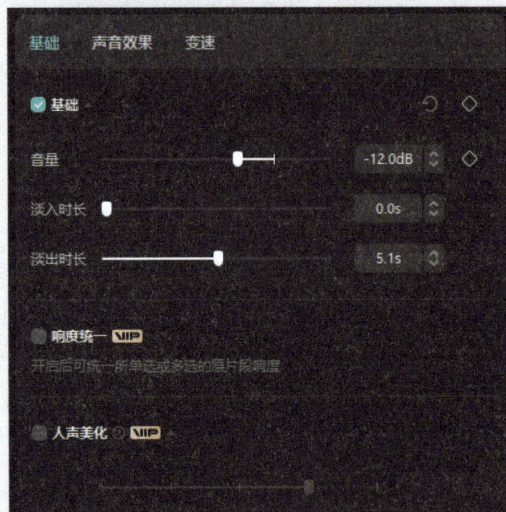
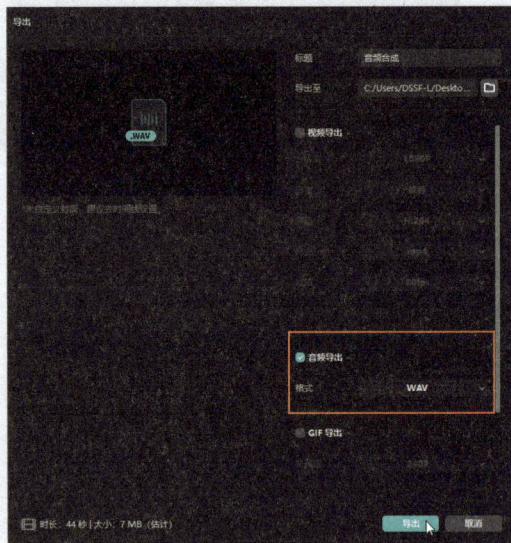

图 6-40　　　　　　　　　　　　　　　图 6-41

练习3　创作《纸飞机》民谣歌曲

下面将利用天工AI工具中的"AI音乐"功能生成一首关于童年美好回忆的歌曲。在操作过程中，先使用DeepSeek工具生成歌词，然后再利用天工AI功能生成与之相关的歌曲。

步骤 01 **生成歌词**。打开并登录DeepSeek工具，根据歌曲主题输入合适的提示词：

> 请帮我写一份关于回忆儿时美好的歌词。

内容生成如下：

《纸飞机》

（副歌）

纸飞机，飞过旧时光，
载着梦，穿过青砖墙。
那年夏天，蝉鸣悠长，
我们笑着，追逐夕阳。

（第一节）

老槐树下，藏着宝藏，
玻璃弹珠，闪着微光。
跳皮筋，唱着歌谣，
谁家饭菜香，飘过小巷。

（第二节）

放学路上，蝴蝶飞翔，
蒲公英，随风去远方。
纸飞机，落在谁肩上，
回头望，已是岁月长。

（副歌）

纸飞机，飞过旧时光，
载着梦，穿过青砖墙。
那年夏天，蝉鸣悠长，
我们笑着，追逐夕阳。

（桥段）

多想回到，那个地方，
再听听，熟悉的声响。
童年的歌，轻轻唱，
纸飞机，带我去飞翔。

（副歌）

纸飞机，飞过旧时光，
载着梦，穿过青砖墙。
那年夏天，蝉鸣悠长，
我们笑着，追逐夕阳。

（尾声）

纸飞机，落在心上，
童年的梦，永远闪亮。

步骤 02 **设置歌曲生成信息**。打开并登录天工AI网站（https://www.tiangong.cn），进入"AI音乐"创作界面。在右侧的"创作歌曲"列表中输入歌曲名称及歌词内容，如图6-42所示。

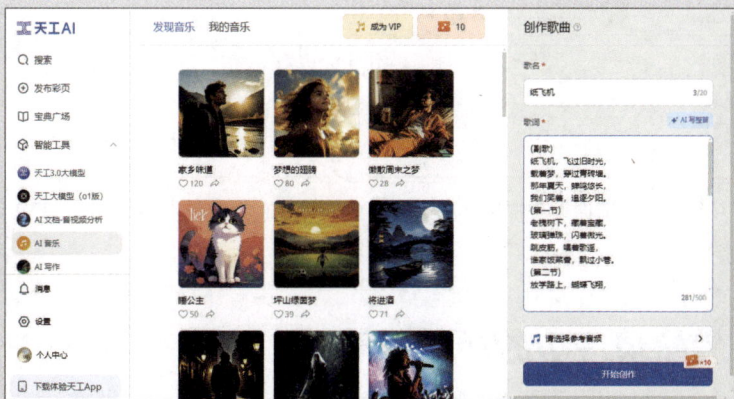

图 6-42

步骤 03 **选择参考音频类型**。单击"请选择参考音频"按钮，在打开的面板中根据需要选择曲风和情绪，以及符合预期的参考曲目，单击"使用"按钮，如图6-43所示。

步骤 04 创作并试听歌曲。 返回到创作页面，单击"开始创作"按钮，稍等片刻即可生成两组歌曲。单击歌曲的播放按钮进行试听，如图6-44所示。

图 6-43

图 6-44

步骤 05 下载歌曲。 选择合适的歌曲，单击"更多"按钮，在弹出的下拉菜单中选择"下载MP4"命令，将其下载至本地电脑中，如图6-45所示。

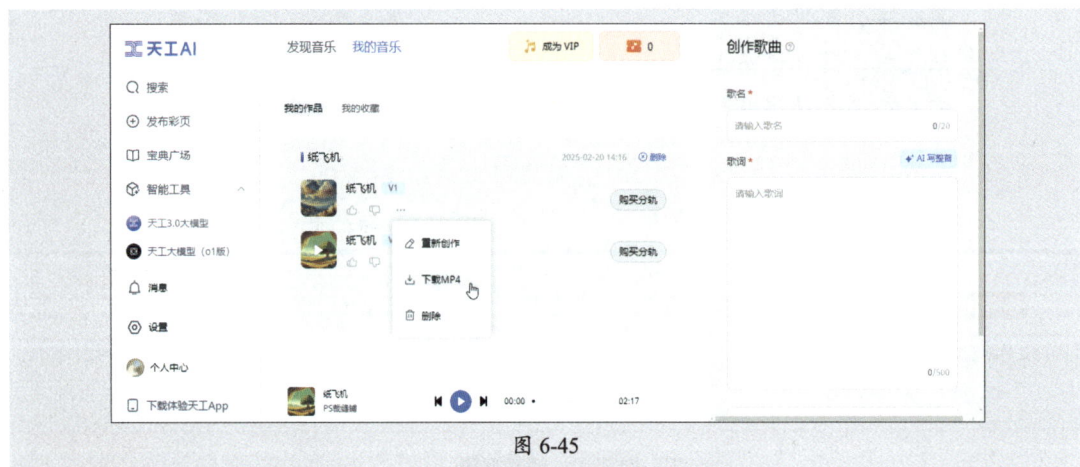

图 6-45

操作提示

目前，天工AI每天会为普通用户提供一次免费创作的机会（10个创作券）。如要二次创作，需升级为会员。

练习4 消除录音中的环境噪声

在户外环境下录制的音频，或多或少会包含一些环境噪声。为了确保音频的质量，可使用一些降噪工具来消除这些噪声。下面就利用Audition软件进行音频的降噪操作。

步骤 01 加载音频文件。 打开Audition软件，将音频素材直接拖曳至编辑器中。按空格键可试听音频，如图6-46所示。

步骤 02 显示频谱频率显示器。试听后发现环境噪声很大。在工具栏中单击"显示频谱频率显示器"按钮 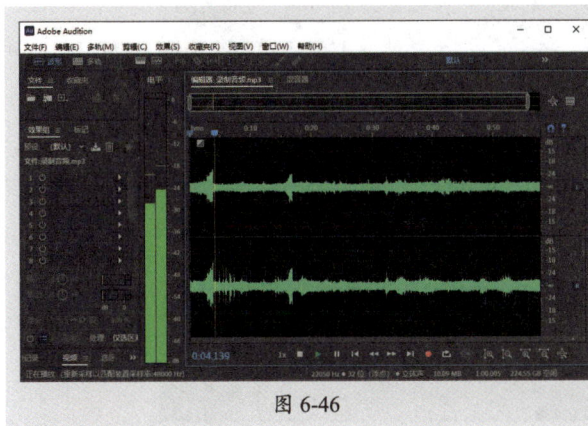，将在编辑器中显示频谱，如图6-47所示。

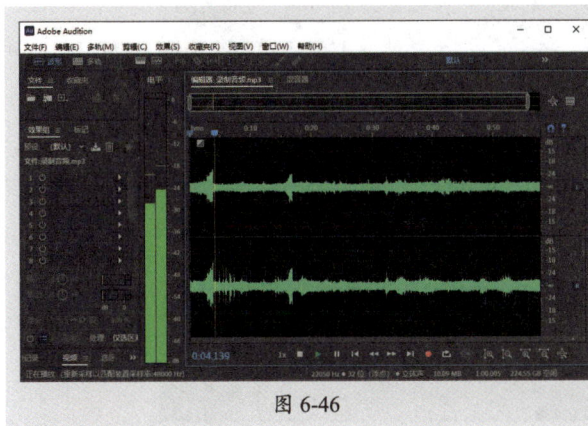

图 6-46

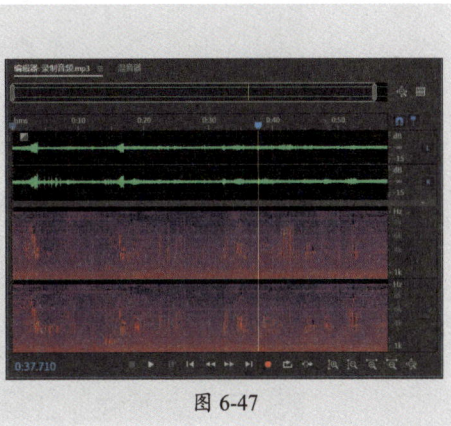

图 6-47

步骤 03 选择噪声区。放大时间码，使用框选工具在频谱中选择一段噪声，如图6-48所示。

步骤 04 获取并选择噪声样本。在菜单栏中选择"效果"|"降噪/恢复"|"降噪（处理）"命令，打开"效果-降噪"对话框，单击"捕捉噪声样本"按钮，获取所选择的噪声样本。单击"选择完整文件"按钮，系统会全选音频中的类似噪声，如图6-49所示。

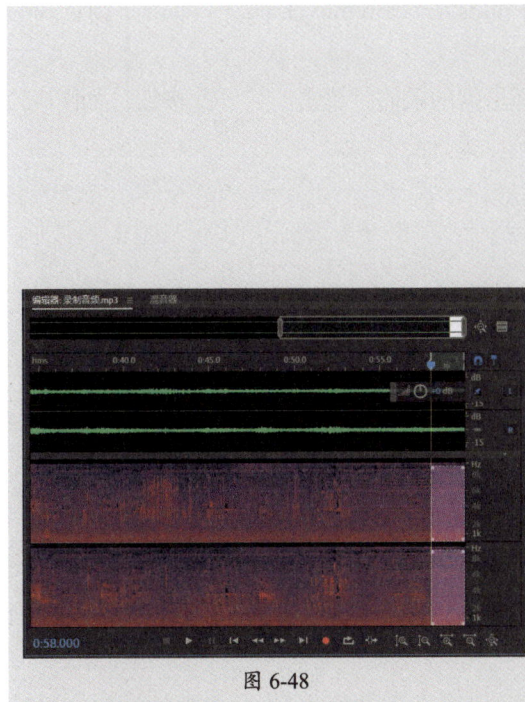

图 6-48

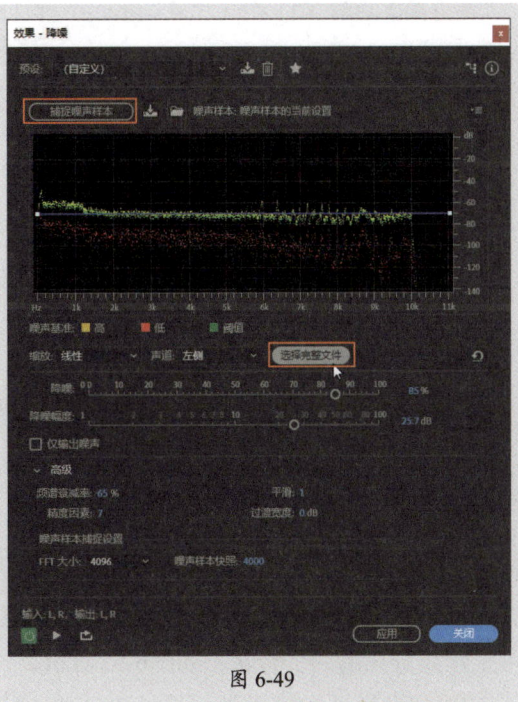

图 6-49

步骤 05 应用降噪效果。在"效果-降噪"对话框中，将"降噪"设置为90%，将"降噪幅度"设置为60dB。单击"应用"按钮关闭对话框，此时音频中与噪声样本相似的噪声被清除，如图6-50所示。

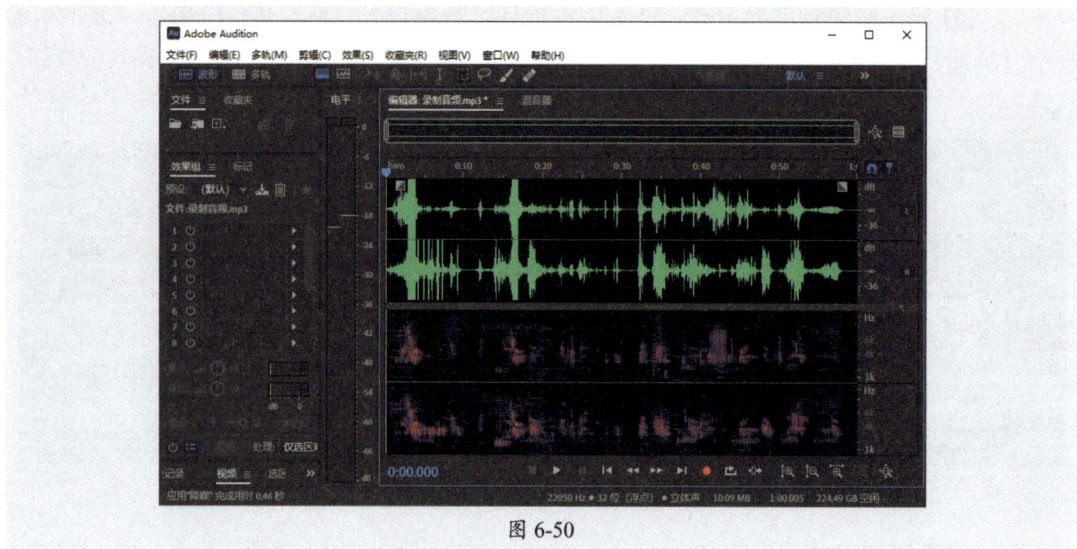

图 6-50

练习5 快速分离歌曲中的人声

当需要将歌曲中的人声和伴奏进行分离时，可使用一些专业音频分离工具进行操作。下面使用Vocalremover工具对歌曲中的人声和伴奏进行分离。

步骤 01 选择文件。 打开Vocalremover官网（https://vocalremover.org），单击"浏览我的文件"按钮，如图6-51所示。

步骤 02 上传歌曲。 在"打开"对话框中选择所需的歌曲，单击"打开"按钮，如图6-52所示。

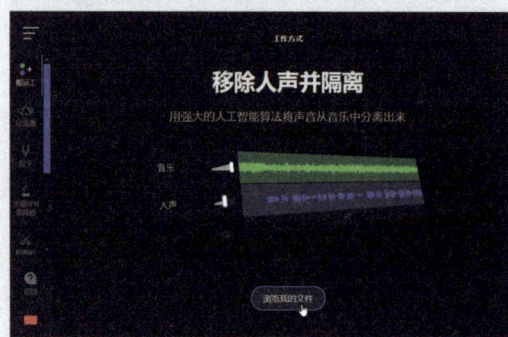

图 6-51

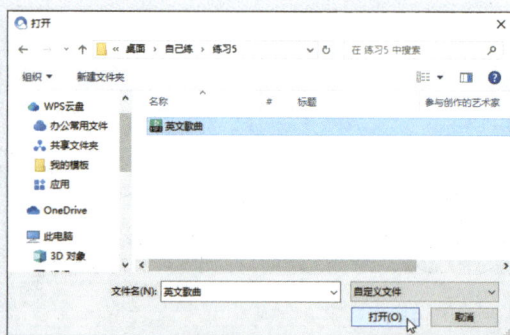

图 6-52

步骤 03 完成分离。 完成上传操作后，系统会自动对歌曲进行分离处理。稍等片刻，即可显示出分离的两个音轨，如图6-53所示。

步骤 04 试听分离文件。 系统默认将"人声"轨道音量设置为0。单击播放按钮，可试听分离后的音乐效果，如图6-54所示。当然，也可降低音乐音量，试听分离的人声效果。

步骤 05 下载文件。 试听无误后，单击"保存"按钮，在弹出的下拉菜单中根据需要选择下载的模式，例如"音乐"模式，此时系统会将分离后的音乐文件下载至本地电脑中，如图6-55所示。

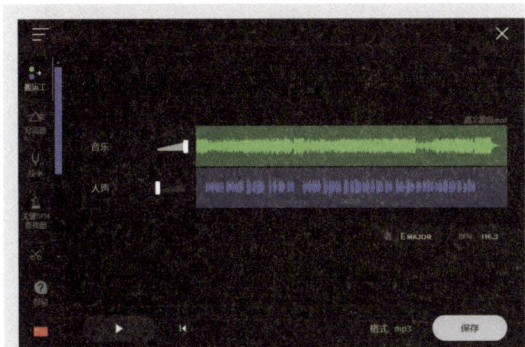

图 6-53

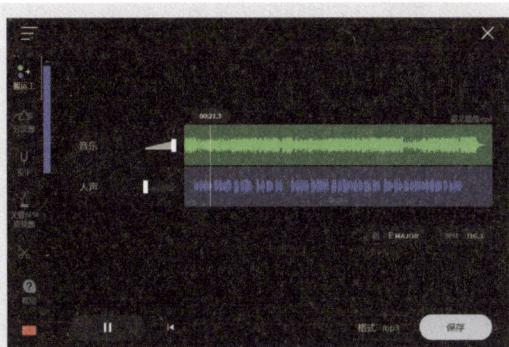

图 6-54

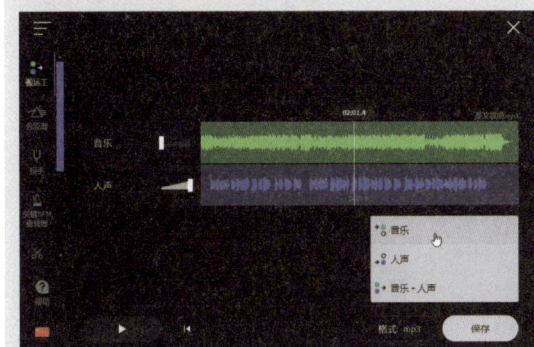

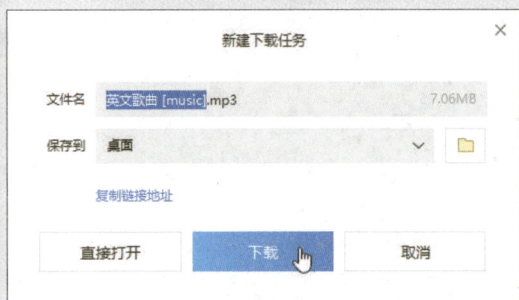

图 6-55

练习6 模拟野兽人说话音效

童话中野兽人说话的声音比较偏低沉、阴暗，并且还有点失真的特点，下面就利用Audition软件中的效果器制作怪兽声效。

步骤01 **加载音频文件**。打开Audition软件，将声音文件拖曳至编辑器中，按空格键试听该声音，如图6-56所示。

步骤02 **设置变调参数**。在菜单栏中选择"效果"|"时间与变调"|"音高换档器"命令，打开"效果-音高换档器"对话框，设置"半音阶"为-8，设置"音分"为35，单击"应用"按钮，如图6-57所示。

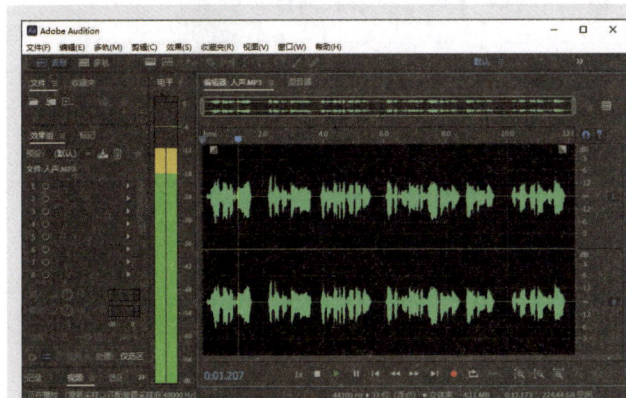

图 6-56

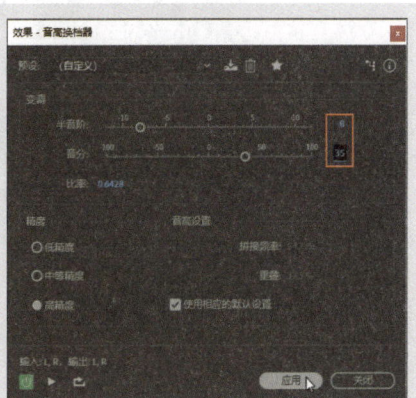

图 6-57

步骤 03 **设置音频伸缩值。** 选择"效果"|"时间与变调"|"伸缩与变调（处理）"命令，打开"效果-伸缩与变调"对话框，设置"伸缩"为105%，设置"变调"为"-2半音阶"，其他选项保持默认设置，单击"应用"按钮，如图6-58所示。

步骤 04 **设置和声效果。** 选择"效果"|"调制"|"和声"命令，打开"效果-和声"对话框，在"预设"下拉列表中选择"多声部和声"选项，其他保持默认设置，单击"应用"按钮，如图6-59所示。

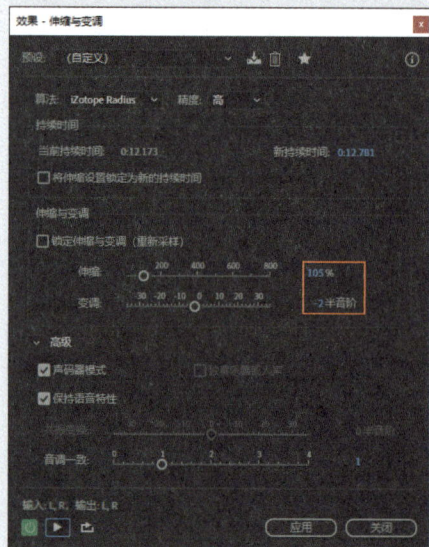

图 6-58

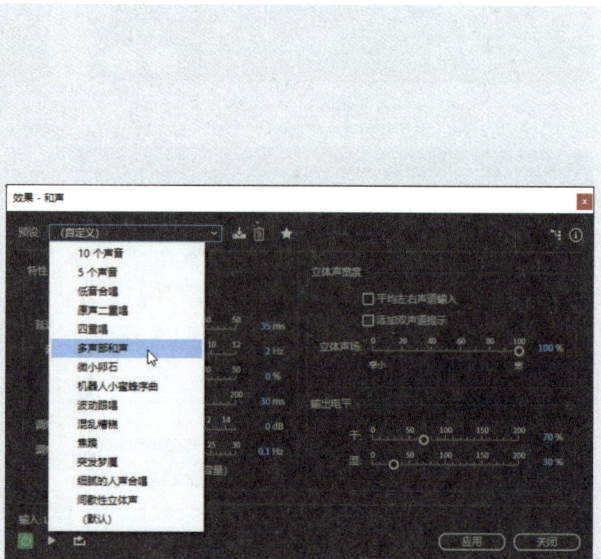

图 6-59

步骤 05 **试听并保存音效。** 此时的音频中已添加了多种效果，如图6-60所示。按空格键试听，确认无误后，执行另存为操作，保存音频文件。

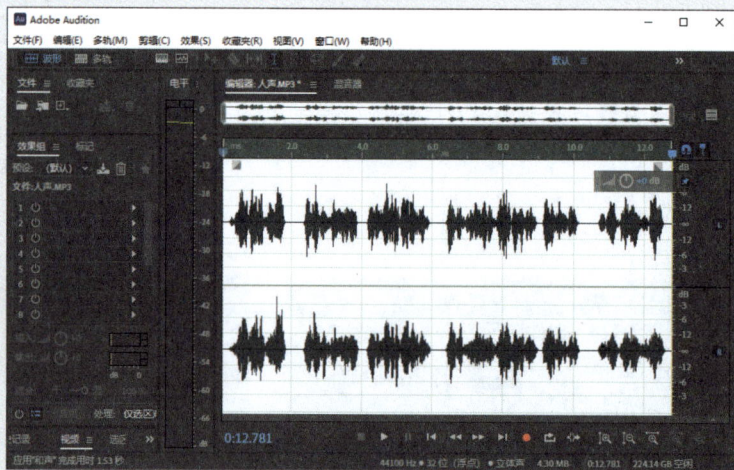

图 6-60

第7章

短视频：
AIGC助力视频生成

内容导读

当前，AIGC在视频生成技术方面已取得显著突破。它凭借先进的算法和强大的计算能力，能够直接生成短视频作品，这一创新极大地颠覆了传统视频创作流程。除了直接生成视频外，它还能辅助创作者进行创意构思，通过分析海量数据提供新颖的选题灵感和独特的表现手法。在制作阶段，AIGC可以自动优化画面质量、调整色彩风格、添加特效转场，使视频更具观赏性和专业性。本章将对AIGC在短视频创作中的具体应用进行介绍。

要点与难点

- 视频创作常用AIGC工具
- 视频拍摄、后期制作常用术语
- 常见的视频格式
- 了解视频属性

跟我做 神秘巨龙现身动画

常用的视频生成类AIGC平台包括即梦AI、可灵AI、白日梦AI、讯飞绘镜、剪映专业版等。这些平台无须拍摄和真人出镜，仅需输入创作内容即可快速生成具有独特风格的短视频。下面将使用即梦AI创作"神秘巨龙现身"动画。

步骤01 生成巨龙图片。打开即梦AI，在首页左侧的导航栏中单击"图片生成"按钮，切换至"图片生成"面板。输入提示词，设置图片比例为2:3，随后单击"立即生成"按钮，生成4张图片，如图7-1所示。从生成的图片中选择一张下载备用。

> **提示词：** 一条白色巨龙，细节丰富，鳞片反射柔和白光，表情威严神秘，眼神深邃，盘旋于云雾缭绕的高山之巅，祥和平静的氛围，细腻的水彩风格，传统龙纹元素，显示文化底蕴。

图 7-1

步骤02 生成仙山图片。重新输入提示词，然后光标定位到"仙山"后，单击"导入参考图"按钮，导入第一次生成并下载的巨龙图片作为风格参考。设置图片比例为2:3，单击"立即生成"按钮生成图片，如图7-2所示。同样，从生成的图片中选择一张下载备用。

> **提示词：** 云雾缭绕的仙山（在此处导入参考图），巨大而神秘的旋涡，细腻水彩风格。

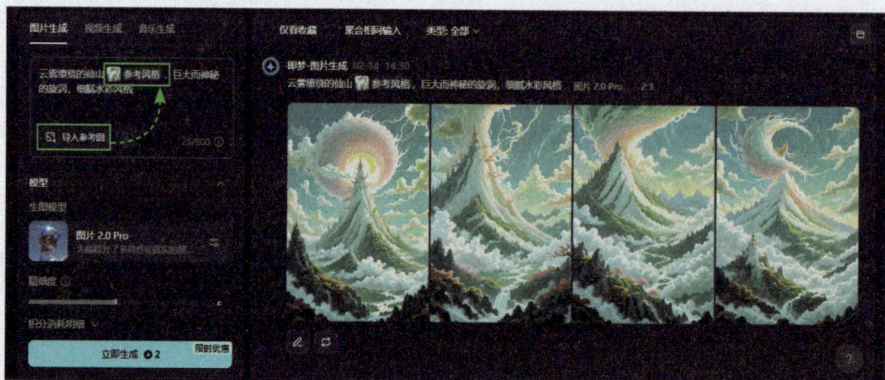

图 7-2

步骤 03 **查看选定的图片**。选定的两张图片如图7-3所示。下面将使用这两张图片作为首帧图和尾帧图创作动态视频。

图 7-3

步骤 04 **选择视频模型**。切换到"视频生成"面板，在"图片生视频"选项卡中设置"视频模型"为"视频1.2"，如图7-4所示。

步骤 05 **开启"使用尾帧"开关**。默认情况下该工具只支持上传首帧图片，这里需要打开"使用尾帧"开关，此时，面板中会出现"上传首帧图片"和"上传尾帧图片"两个按钮，如图7-5所示。

步骤 06 **导入图片并设置参数**。依次单击"上传首帧图片"和"上传尾帧图片"按钮，导入之前保存的"仙山"和"巨龙"图片，输入描述词，描述两张图之间的过渡方式。在面板底部设置视频时长为4s，单击"生成视频"按钮，如图7-6所示。

图 7-4

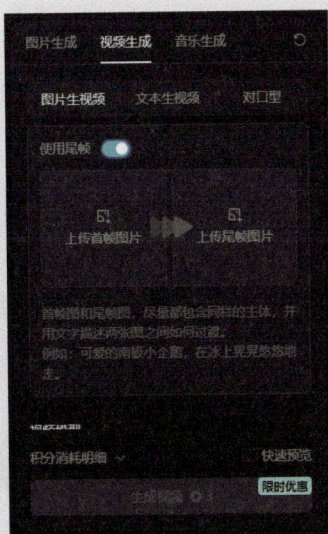

图 7-5

图 7-6

159

步骤07 预览视频。稍作等待，生成视频，预览视频效果，如图7-7所示。

图 7-7

> **思考题**
>
> 请根据"一只萌态十足的小浣熊正在小花园里浇花"的场景，利用即梦AI工具生成5秒的视频片段。

?

一起学

短视频是一种时长较短、内容简洁且形式多样的视频作品。它以快节奏、富有创意和生动活泼的特点吸引观众，能在短时间内传递信息，目前已成为人们日常社交和娱乐的重要方式。下面将对短视频领域的基础知识进行详细介绍。

7.1　视频创作常用AIGC工具

强大的AIGC工具降低了短视频的创作门槛，赋予了创作者广阔的创意空间和技术便利。常用的视频生成类AIGC如表7-1所示。

表 7-1

工　具	简　介
剪映专业版	字节跳动推出的视频编辑工具，内置丰富滤镜、转场、音乐库和字幕样式，支持智能识别语音并能自动添加字幕，一键成片，功能强大

（续表）

工　具	简　介
腾讯智影	腾讯推出的智能视频创作工具，支持智能剪辑、文字转语音、智能配音等功能，可自动分析素材内容并给出剪辑建议和配音方案
即梦AI	剪映旗下的AI创作平台，专注于为创意爱好者提供便捷的AI表达工具。它支持文生图、智能画布和视频生成等功能
可灵AI	快手公司推出的新一代创意生产力平台，集成了AI图像和视频创作功能。它支持文生视频和图生视频两种模式
讯飞绘镜	科大讯飞推出的AI短视频创作平台，能够将文本描述自动转换成视频内容，如短剧、预告片、MV等
腾讯混元	腾讯公司全链路自研的大语言模型，具备强大的中文创作能力、逻辑推理能力和任务执行能力，支持文生视频、图生视频等多种视频生成功能

7.2　视频拍摄常用术语

视频拍摄的术语众多。无论是专业摄影师还是视频爱好者，都应熟悉并灵活运用这些术语，以确保拍摄过程的顺利进行和最终作品的高质量呈现。以下是一些常见的术语及其解释。

1）构图

构图是指在摄影或视频制作中，如何安排画面中的元素（如人物、景物等）以传达特定的情感和主题。良好的构图能够引导观众的视线，增强画面的表现力和故事性。常见的构图法包括中心点构图、三分构图、引导线构图、对角线构图、对称构图、前景构图、框架构图、留白构图等。

2）拍摄角度

拍摄角度是指相机或摄像机相对于被摄对象的位置和方向。不同的拍摄角度可以产生不同的视觉效果，如正面拍摄展现对象正面特征，侧面拍摄突出对象轮廓线条，仰拍和俯拍则分别强调对象的雄伟或渺小。选择适当的拍摄角度对于表达视频的主题和氛围至关重要。

3）运镜

运镜是指摄像机在拍摄过程中的移动方式和轨迹。通过推、拉、摇、移等运镜技巧，可以动态地展示画面内容，增加视频的动感和节奏。合理的运镜能够增强观众的沉浸感和参与感，使视频更加生动有趣。

4）摄影用光

摄影用光是指如何利用自然光或人工光源来照亮被摄对象，并营造特定的氛围和效果。光线可以突出物体的轮廓、纹理和色彩，引导观众的视线，增强画面的立体感和层次感。掌握摄影用光的技巧，对于拍摄出高质量的视频至关重要。

5）景别

景别指被摄主体在画面中所呈现的范围大小，常见的景别包括远景、全景、中景、近景和特写等。

6）景深

景深指拍摄主体前后清晰的范围，光圈越大，画面景深越小；光圈越小，画面景深越大。

7）焦距

焦距表示镜头对物体的放大程度，焦距越大，景深越浅，背景虚化效果越好；焦距越小，景深越深，背景虚化效果越差。

8）光圈

光圈是控制镜头进光量的装置，用F值表示。F值越大，光圈越小，进光量越少；F值越小，光圈越大，进光量越多。

9）曝光

曝光指感光元件接收到的光的总量，通过调整快门速度、感光度和光圈可控制曝光量。

7.3　视频后期制作常用术语

视频后期制作过程中用到的术语涵盖了从剪辑、调色到特效合成的各个环节。以下是一些常用的视频后期制作术语介绍。

1）剪辑

剪辑表示对原始影片进行修剪，原始影片可以是视频、音频或者图片等。通过剪辑，可以将拍摄的素材整理成流畅连贯的故事。

2）蒙太奇

蒙太奇是一种剪辑手法，通过将不同时间、空间的镜头进行拼接和组合，创造出特定的节奏、情感和叙事效果。它不仅是电影剪辑的核心技巧，也是影视艺术的重要表现形式。

3）剪辑率

剪辑率是指单位时间内镜头切换的次数，它影响着视频的节奏和风格。高剪辑率可以营造紧张、刺激的氛围，而低剪辑率则更适合营造舒缓、宁静的氛围。

4）关键帧

关键帧是动画或视频剪辑中的特定帧，它包含了特定的属性设置（如位置、旋转、缩放、透明度或颜色等）。这些关键帧之间的变化是由软件自动计算并生成平滑的过渡效果，是制作动画和视频特效的基础。

5）帧速率

帧速率是指每秒显示的帧数（FPS），它决定了视频的流畅度和清晰度。高帧速率可以提供更平滑的运动和更真实的色彩，而低帧速率则可能导致画面卡顿或模糊。

6）转场

转场是指从一个场景切换到另一个场景的技巧，可以通过特效、动画或简单的剪辑实现。转场不仅可以帮助观众理解时间、空间的变换，还可以增强视频的视觉效果和节奏感。

7）调色

调色是指对视频的色彩、亮度、对比度等进行调整，以达到特定的视觉效果和风格。通过调色，可以增强视频的情感表达，突出主题，营造氛围。

8）混音

混音是指将多个音频轨道合并成一个最终音频的过程，包括调整音量、平衡音轨、添加音效和音乐等。混音的目的是确保音频清晰、平衡，与视频内容协调。

9）字幕

字幕是指在视频下方显示的文字，用于提供对话、说明或注释等信息。字幕可以帮助观众更好地理解视频内容，特别是外语或方言的视频，字幕尤为重要。同时，字幕也可以增强视频的视觉效果和风格。

7.4 常见的视频格式

视频格式是指用于存储数字视频数据的编码方式，它决定了视频文件的兼容性、质量和大小。常见的视频格式包括MP4、AVI、MOV等，每种格式都有其特定的应用场景和优势。以下是对常见视频格式的详细说明。

1）MP4

MP4是最常见的视频格式之一，因良好的兼容性和广泛的应用性而著称。MP4文件能够在各种设备和平台上顺畅播放，还常用于网络流媒体、光盘存储以及电视广播等领域。

2）AVI

AVI是一种由微软公司开发的早期视频格式，具有调用方便、图像质量好等优点。它支持多种音频和视频编码，但兼容性相对普通。

3）MOV

MOV是由Apple公司开发的视频格式，也称为QuickTime影片格式。它支持音频和视频同步，常用于专业制作领域。MOV格式具有高质量的图像和音频表现，同时支持多种数字媒体类型，包括图片、文字等。

4）WMV

WMV是微软公司开发的一组数字视频编解码格式的通称，适合在Windows平台上播放，具有良好的可扩展性，支持的多媒体类型丰富。

5）MPEG

MPEG是国际标准组织认可的媒体封装形式，包括MPEG-1、MPEG-2和MPEG-4等多种视频格式。MPEG格式广泛应用于视频编码和播放领域，具有压缩效率高、兼容性好等优点。

6）RMVB

RMVB是一种视频压缩格式，由RealNetworks公司开发。它采用可变比特率（Variable Bit Rate）编码技术，使得视频文件在保持较高质量的同时能够减少文件大小，非常适合在低带宽网络的流媒体播放中使用，因此受到网络下载者的欢迎。

7）FLV

FLV是一种专为在线视频流媒体播放而设计的视频格式。它形成的文件极小、加载速度极快，这使得网络观看视频文件成为可能。FLV格式广泛应用于各种视频网站和在线媒体平台。

8）3GP

3GP是一种专为手机设备设计的视频格式。其文件较小，适合移动设备播放，并且广泛应用于准3G手机上。3GP格式支持多种音频和视频编码标准，使手机用户能够享受到高质量的视频内容。

9）VOB

VOB是DVD视频媒体使用的容器格式，它将数字视频、数字音频、字幕、DVD菜单和导航等多种内容复用在一个流格式中。VOB格式常用于DVD影碟的制作和播放，是DVD的关键文件之一。

7.5 了解视频属性

视频属性是指视频文件的各种参数，如分辨率、帧率、比特率等，这些参数直接影响着视频的播放效果和质量。以下是对常见视频属性的详细说明。

1）分辨率

分辨率是度量图像内数据量多少的一个参数，通常表示为ppi。但在日常习惯中，我们常说的分辨率是指图像的高/宽像素值，如1920×1080。分辨率越高，视频画面的细节越丰富，清晰度越高。常见的分辨率有480p、720p、1080p、4K等。

2）帧率

帧率是指视频格式每秒钟播放的静态画面数量，通常以fps为单位。帧率越高，视频画面越流畅。通常30fps的视频已经足够流畅，而60fps则可以提供更平滑的动画效果。

3）比特率

比特率是一种表现视频串流中所含有的信息量或数据速率的方法，通常以bps或Mbps为单位。比特率越高，视频质量越好，但文件体积也就越大。选择比特率时，需要平衡视频质量和存储空间的关系。

4）编码格式

编码格式决定了视频数据的压缩方式和解码方式。常见的视频编码格式有H.264、HEVC（H.265）、VP9等。不同的编码格式，在压缩效率、图像质量和兼容性方面有所不同。选择适当的编码格式，可以优化视频质量和文件大小。

5）音频参数

音频参数包括采样率、声道数、音频编码等。采样率决定了音频的清晰度，常见的采样率有44.1kHz、48kHz等。声道数决定了音频的立体感，如立体声、环绕声等。音频编码则决定了音频数据的压缩方式和解码方式。

6）视频时长

视频时长是指视频文件的播放时间长度，通常以秒、分钟或小时为单位。视频时长可以根据实际需求进行裁剪或调整。

　　7）视频方向模式

　　视频方向模式指的是视频的显示方向，如横屏、竖屏等。在不同的设备和平台上，不同的视频方向模式可能会影响用户的观看体验。

7.6　AI生成视频的应用场景

　　AI生成视频被广泛应用于多个场景，包括电影特效制作中的虚拟角色和场景渲染、广告行业中的个性化视频内容创作、新闻报道中的自动新闻摘要和视频生成、教育领域中的互动式教学视频制作，以及娱乐产业中的个性化短视频生成等，详细说明如表7-2所示。

表7-2

应用领域	具体场景	说　明
广告行业	产品宣传视频制作	根据产品特性快速生成吸引人的视频广告，提高广告效果和转化率
	个性化广告内容生成	根据目标受众的喜好和需求，自动生成个性化的广告内容，提高受众参与度和忠诚度
教育和培训	模拟场景生成	用于教育和专业技能训练，如生成模拟手术场景、重现历史事件等
	交互式视频材料生成	用于提高学生的学习兴趣和理解能力，通过互动方式加深学习印象
社交媒体	个性化短视频内容生成	根据用户的兴趣和需求，自动生成个性化的短视频内容，吸引用户注意力，提高参与度和忠诚度
	自动化社交媒体内容制作	节省大量的制作成本和时间，保持社交媒体账号的活跃度
影视制作	角色动画、背景生成	自动生成角色动画、背景等，简化影视制作流程，提高制作效率
	剧本可视化	将剧本转化为可视化的场景，帮助导演和制片人更好地理解剧本内容，提前规划拍摄计划
游戏开发	游戏角色和场景生成	快速生成游戏角色和场景模型，提高游戏开发效率和质量
	游戏剧情动画生成	根据游戏剧情自动生成动画，丰富游戏内容，提升玩家体验
新闻传媒	新闻报道视频生成	根据文字报道自动生成新闻视频，快速传递新闻信息
	新闻素材整理和分类	利用图像识别和分类技术，对新闻素材进行整理和分类，提高新闻报道的效率和准确性
旅游行业	旅游景点宣传视频生成	制作精美的旅游景点宣传视频，吸引更多游客前来参观
	旅游攻略视频生成	根据旅游偏好和目的地，生成个性化的旅游攻略视频

随着技术的不断进步和应用场景的不断拓展，AIGC技术在短视频创作领域表现出了巨大的潜力和广泛的应用前景。AIGC将为短视频行业带来更多的创新和变革。

练习1 为主体绘制动作路径

即梦AI的"动效画板"功能允许用户通过直观绘制运动轨迹的方式，精确控制视频中主体的运动效果，包括单向、多向及轨迹变化等，从而轻松创作出复杂而生动的动画作品。

步骤 01 **上传图片**。打开即梦AI的"视频生成"面板，切换到"图片生视频"选项卡，上传图片，如图7-8所示。注意，"动效画板"仅支持16∶9的图片比例。

步骤 02 **选择视频模型**。设置"视频模型"为"视频1.2"（"动效画板"只能在视频1.2模式下使用），如图7-9所示。

步骤 03 **执行"动效画板"命令**。在"动效画板"区域单击"点击设置"按钮，如图7-10所示。

图 7-8

图 7-9

图 7-10

步骤 04 **自动识别所选主体**。打开"动效画板"窗口，在画面中单击需要添加动效的主体，此处单击宇航员，系统会自动识别所选主体并将其选中，如图7-11所示。

步骤 05 **绘制主体1运动路径**。单击"运动路径"按钮，选中的主体上方会显示路径的起点按钮，从该起点开始绘制路径。我们想让宇航员从空中慢慢落到地面，所以绘制一个向下的箭头，如图7-12所示。

步骤 06 **添加主体2运动路径**。单击画面左上角的星球，自动识别该主体。单击"结束位置"按钮，拖动星球上方的选框，将其拖动至画面右上角，为其指定运动的结束位置。所有路径添加完成后单击"保存设置"按钮，退出"动效画板"窗口，如图7-13所示。

图 7-11

图 7-12

图 7-13

步骤07 预览视频。返回"视频生成"面板，设置视频时长为6s，单击"生成视频"按钮，效果如图7-14所示。

图 7-14

练习2 根据配音自动对口型

即梦AI的"对口型"功能允许用户通过上传人物图片或视频，并输入或上传配音内容，自动生成与音频完美匹配的人物口型动画。这一功能不仅支持中文和英文配音，还拥有高真实感的口型同步效果，极大地简化了视频制作过程。下面将使用即梦AI的"对口型"功能根据角色的配音自动对口型。

步骤01 导入"对口型"图片。登录即梦AI，打开"视频生成"面板。切换至"对口型"选项卡，将角色图片拖曳至"导入角色图片/视频"区域，如图7-15所示。

步骤02 输入文本朗读内容。在"文本朗读"文本框中输入角色要朗读的内容，如图7-16所示。

图 7-15

图 7-16

步骤03 选择朗读音色。单击"朗读音色"按钮，系统提供了多种音色，用户可以根据人物特点选择合适的音色，如图7-17所示。

步骤04 设置其他参数并生成视频。根据需要调整说话速度，并选择生成效果，单击"生成视频"按钮，如图7-18所示。

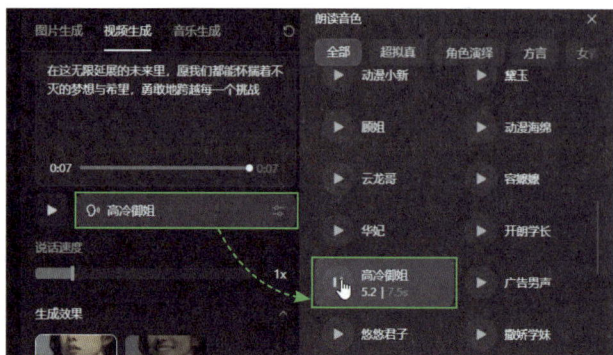

图 7-17

图 7-18

步骤 05 预览视频。 稍等片刻，便可生成视频。视频中的人物除了可以自动对口型，还会配合一些动作和表情，如头部轻微晃动、微笑、眨眼等，如图7-19所示。

图 7-19

练习3 AI自动为视频配乐

即梦AI的"AI配乐"功能能够根据视频内容、情感氛围或具体场景需求，智能创作和匹配个性化、高质量的音乐背景，极大地丰富了多媒体创作的表现力与情感深度。下面将使用即梦AI进行演示。

步骤 01 执行"AI配乐"命令。 使用即梦AI生成视频后，单击视频右下角的 按钮，如图7-20所示。

图 7-20

步骤 **02** 根据画面配乐。界面左侧随即打开"AI配乐"面板，其中包含"根据画面配乐"以及"自定义AI配乐"两个参数。此处使用默认的"根据画面配乐"，单击"生成AI配乐"按钮，如图7-21所示。

步骤 **03** 生成配乐。系统随即根据当前视频画面自动生成3首配乐。在视频下方显示有"配乐1""配乐2"和"配乐3"3个按钮，通过单击按钮可以对音乐进行试听，如图7-22所示。

图 7-21 　　　　　　　　　　　　　　　图 7-22

练习4 动画故事创作

即梦AI的"故事创作"功能允许用户输入故事主题或情节描述，利用图生视频、文生视频、文生图、图生图等多种方式创作分镜画面。系统还提供了时间轨道管理功能，让用户能够轻松组织和编辑各个分镜，预览最终的成片效果。这一功能为用户提供了一个一站式的解决方案，从故事构思到分镜创作，再到最终的视频生成，都能在即梦AI平台上完成。下面将使用该功能创作Q版孙悟空，将金箍棒变成毛笔，然后开始写字的动画故事。

步骤 **01** 生成图片。打开即梦AI，在"图片生成"面板中输入提示词并生成图片，设置图片比例为3∶4，如图7-23和图7-24所示。

图 7-23

图 7-24

步骤 02 **将图片生成视频。** 从生成的图片中选择3张图片，如图7-25所示。依次将这3张
图片生成视频，并将视频下载备用。

图 7-25

步骤 03 **启动故事创作。** 返回即梦AI首页，在导航栏中单击"故事创作"按钮，如
图7-26所示。

步骤 04 **调整视频比例。** 在打开的界面顶部单击16：9按钮，在展开的下拉列表中选择
3：4（初始图片比例），然后单击"应用"按钮，如图7-27所示。

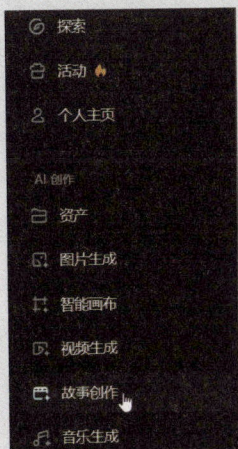

图 7-26

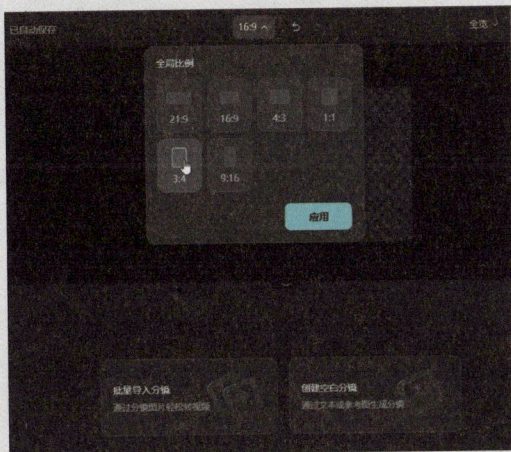

图 7-27

步骤 05 **选择导入分镜的方式**。单击"批量导入分镜"按钮，在打开的下拉菜单中选择"从资产选取"命令，如图7-28所示。

步骤 06 **选择视频**。打开"资产选取"对话框，在"视频"选项卡中选择需要添加的视频，单击"确定"按钮，如图7-29所示。

图 7-28

图 7-29

步骤 07 **选择视图模式**。选中的视频随即被自动创建为多个分镜。单击"默认视图"按钮，在展开的列表中选择"时间线视图"选项，如图7-30所示。

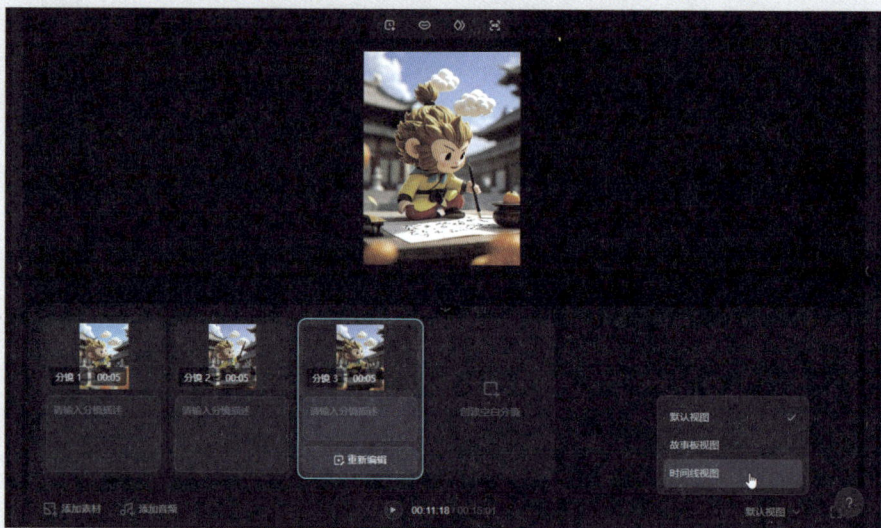

图 7-30

步骤 08 单击界面右上角的"导出"按钮，通过下拉菜单中提供的命令，可以将视频成片下载到本地、导出到剪映云空间或将全部镜头素材下载到本地，如图7-31所示。

步骤 09 **预览视频**。此处选择将视频成片导出到计算机中的指定位置，预览视频，效果如图7-32所示。

图 7-31

图 7-32

练习5 生成人物写真视频

可灵AI拥有强大的文字生成图片功能，用户仅凭输入的描述性文字，就能轻松生成创意十足的图片，这些图片还能进一步转换成视频。用户通过添加提示词，可以灵活调整图像中的运动效果。

步骤01 选择操作模式。 登录可灵AI官网（https://klingai.kuaishou.com/），在首页左侧导航栏中单击"AI图片"按钮，如图7-33所示。

步骤02 输入提示词。 打开"AI图片"面板，设置图片模型为"可图1.0"，在"创意描述"文本框中输入提示词，如图7-34所示。

> **提示词：** 情侣在海边的合影，青春和朝气，站立的姿势，摄影构图。

步骤03 设置图片比例。 设置"图片比例"为2：3，"生成数量"使用默认的"4张"，单击"立即生成"按钮，如图7-35所示。

图 7-33

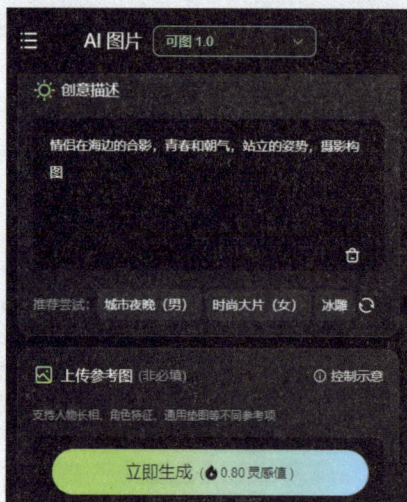

图 7-34

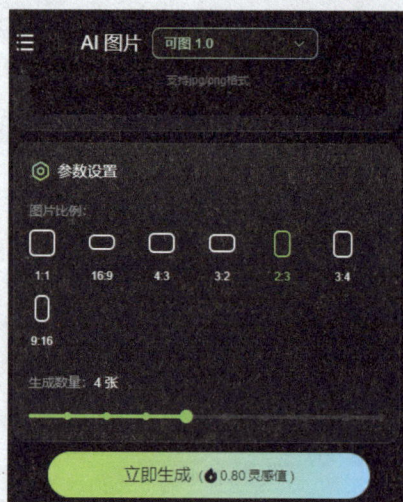

图 7-35

步骤 04 **生成图片。** 系统随即根据提示词生成4张图片，效果如图7-36所示。

图 7-36

步骤 05 **执行"生成视频"命令。** 从生成的图片中选择一张满意的图片，将光标移动到该图片上方，单击"生成视频"按钮，如图7-37所示。

步骤 06 **输入创意描述提示词。** 切换至"AI视频"面板，所选图片默认为"首帧图"。在"图片创意描述"文本框中输入提示词，如图7-38所示。

步骤 07 **设置参数。** 设置"生成模式""生成时长"等参数，在"不希望呈现的内容"文本框中输入提示词，单击"立即生成"按钮，如图7-39所示。

图 7-37

图 7-38

图 7-39

步骤 08 **预览视频。** 稍作等待，即可根据图片和描述提示词生成视频，效果如图7-40所示。

图 7-40

练习6 制作产品渲染动画

使用AIGC能够迅速且精准地创作出高质量、逼真的三维动画效果。通过智能算法优化光影、材质与动作，可极大提升制作效率与创意灵活性，为产品展示增添生动性和视觉冲击力。下面将使用可灵AI生成手机产品宣传动画。

步骤 01 **输入提示词，并选择视频比例。** 登录可灵AI官网，在首页左侧导航栏中单击"AI视频"按钮，打开"AI视频"面板。切换至"文生视频"选项卡，设置视频模型为"可灵1.0"，在"创意描述"文本框中输入提示词，设置"视频比例"为9：16，如图7-41所示。

> **提示词：** 中心对称构图，一部手机的产品海报，C3D，设计感极强，简约，好看的画面，高对比度，大面积白色。

步骤 02 **设置运镜方式。** 单击"运镜方式"按钮，在展开的列表中选择"水平摇镜"选项，如图7-42所示。

步骤 03 **设置水平摇镜参数值。** 选择运镜方式后，向右适当拖动滑块，设置"水平摇镜"参数值。在"不希望呈现的内容"文本框中输入提示词，最后单击"立即生成"按钮，如图7-43所示。

图 7-41

图 7-42

图 7-43

步骤 04 **预览视频。** 系统随即生成产品渲染动画，效果如图7-44所示。

图 7-44

练习7　制作丝滑变身视频

目前，很多动画生成类AIGC都具备首尾帧生成视频的能力。用户可上传两张图片分别作为首帧和尾帧，模型将这两张图片作为关键帧生成视频，同时自动补齐中间部分。这一功能允许用户在不完全依赖文本描述或图片信息的情况下，通过设定首尾帧来生成具有特定运动轨迹和形变过程的视频。下面将使用可灵AI的"首尾帧"功能生成凤凰变身成仙女的视频。

步骤01 添加首帧图。登录可灵AI，切换至"AI视频"面板，打开"图生视频"选项卡下的"首尾帧"界面，设置模型为"可灵1.6"。随后使用拖曳的方式添加第一张图片"凤凰神鸟"，如图7-45所示。上传的图片默认为首帧图。

步骤02 切换尾帧图。首帧图上传成功后，图片预览区下方会显示"首帧图"和"尾帧图"两个按钮。单击"尾帧图"按钮，如图7-46所示。

步骤03 添加尾帧图。继续拖曳添加第二张图片"仙女"，如图7-47所示。

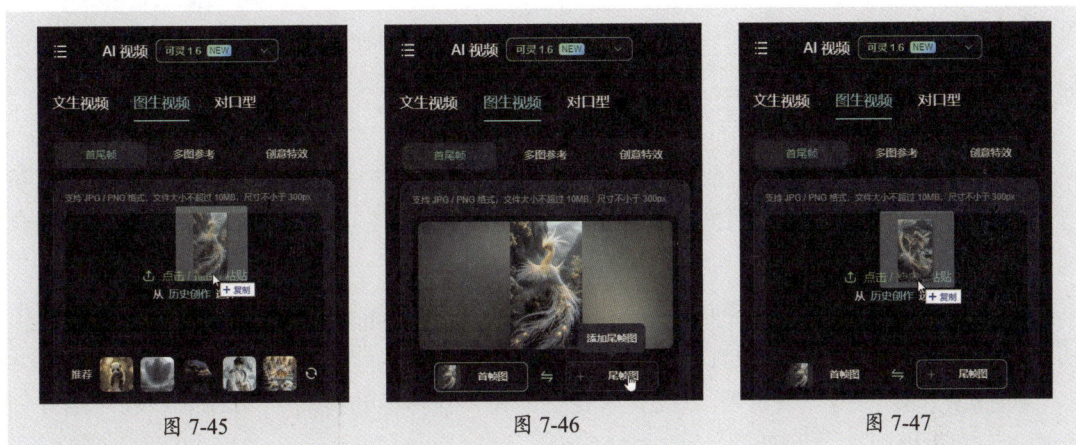

图 7-45　　　　　　　　　图 7-46　　　　　　　　　图 7-47

步骤04 输入提示词。首尾帧图片添加完成后，在"图片创意描述"文本框中输入提示词，如图7-48所示。

> **提示词：** 画面中第一张图中的凤凰逐渐过渡到仙女的形态，变身时周围烟雾缭绕，发出金色的粒子，均匀且丝滑，高质量，符合逻辑，严格按照提示词生成。

步骤05 设置参数。设置生成模式、生成时长等参数，单击"立即生成"按钮，如图7-49所示。

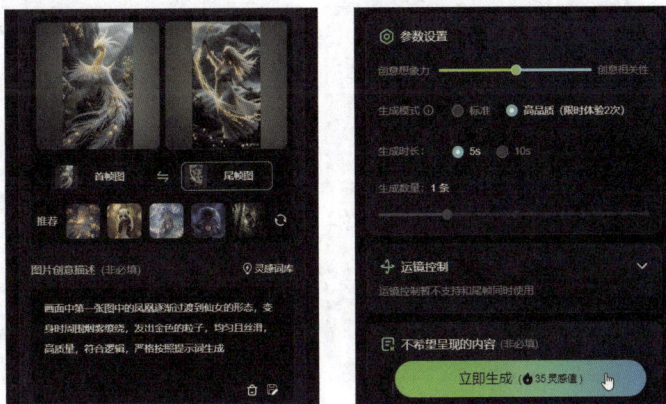

图 7-48　　　　　　　　　图 7-49

步骤 06 **预览视频效果。** 稍作等待，系统会根据首帧图、尾帧图以及创意描述提示词生成凤凰变身为仙女的视频，如图7-50所示。

图 7-50

练习8 多图参考生成视频

可灵AI的"多图参考"生成视频功能是一项创新性的技术，它允许用户上传1～4张参考图片，并通过框选和提示词描述图片中的主体及其变化或互动，从而创造性地生成融合视频。

步骤 01 **选择操作模式。** 登录即梦AI，打开"AI视频"面板，在"图生视频"选项卡中切换至"多图参考"界面，设置视频模型为"可灵1.6"，如图7-51所示。

步骤 02 依次上传"独角兽""控火术美女"和"森林里的卷轴"3张图片，在"图片创意描述"文本框中输入提示词，如图7-52所示。

> **提示词:** 森林中，女孩站在独角兽身旁操纵控火术。

步骤 03 **设置参数。** 设置生成模式、生成时长和比例等参数，并输入不希望呈现的内容，单击"立即生成"按钮，如图7-53所示。

图 7-51

图 7-52

图 7-53

步骤 04 预览视频。系统随即根据多张图片以及创意描述生成视频，效果如图7-54所示。

图 7-54

练习9 生成毛茸茸创意特效

"创意特效"生成视频是可灵AI最新推出的一项功能，它使用了前沿的人工智能技术，用户仅需选择系统提供的特效，就能快速创建出融合独特视觉效果与动态内容的精彩视频。

步骤 01 选择操作模式，并添加图片。登录即梦AI，打开"AI视频"面板，在"图生视频"选项卡中切换至"创意特效"界面，设置视频模型为"可灵1.6"，随后将图片拖曳至"点击/拖拽/粘贴"区域，如图7-55所示。

步骤 02 选择特效。选择"快来惹毛我"特效，单击"立即生成"按钮，如图7-56所示。

图 7-55

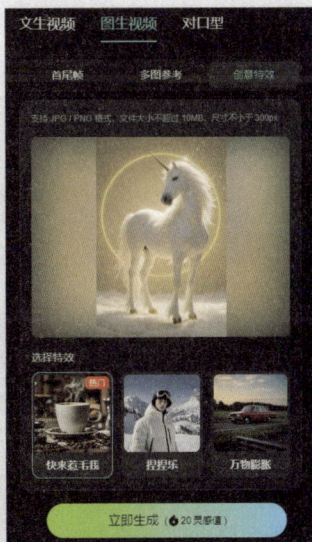

图 7-56

步骤 03 预览视频。生成的视频中，独角兽变身成毛绒玩具，如图7-57所示。

图 7-57

练习10　剪映AI的各种玩法

剪映作为一款广受欢迎的视频编辑软件，其内置的"AI效果"面板为用户提供了丰富的个性化定制选项。例如，为静态图片添加运镜效果、为人物生成各种类型的写真、改变人物表情、改变人像的风格、人像变脸等，极大地增强了视频创作的灵活性，扩展了创意空间。

1. 智能运镜

剪映作为一款功能强大的视频编辑软件，内置了多种运镜效果，这些效果通过模拟摄像机的实际运动，极大地丰富了视频的表现力和视觉体验。下面将通过为图片素材添加3D运镜，制作出动态视频效果。

步骤01 **应用3D运镜。**在"AI效果"面板的"玩法"选项组中选择"运镜"分类，随后选择"3D运镜"选项，如图7-58所示。

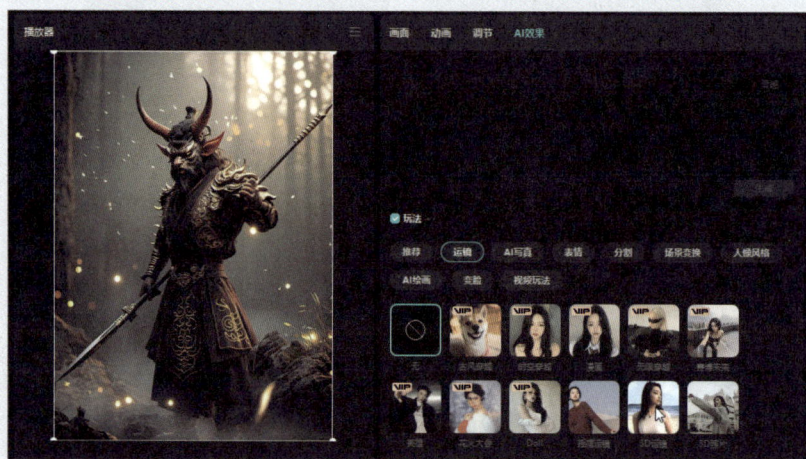

图 7-58

步骤02 **预览视频。**为图片素材应用"3D运镜"效果，如图7-59所示。

图 7-59

2. 万物分割

"万物分割"是一种利用AI技术实现的特效功能，它允许用户对图片或视频进行精确的分割处理，创造出酷炫的视觉效果，尤其适合配合卡点音乐和特效使用，能够增强作品的创意和吸引力。

步骤 01 应用万物分割。在剪映创作界面中导入图片素材，在"AI效果"面板的"玩法"选项组中选择"分割"分类，再选择"万物分割"选项，如图7-60所示。

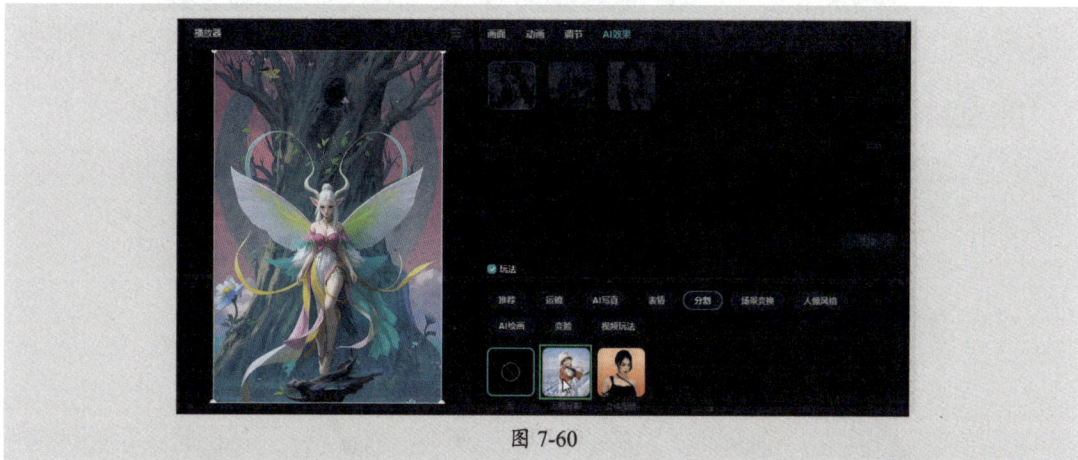

图 7-60

步骤 02 预览视频。素材随即应用万物分割效果，创作出动态感极强的视频效果，如图7-61所示。

图 7-61

3. 场景变换

"场景变换"能够自动为图片变换背景、进行风格化处理等，从而快速实现场景变换，为视频创作增添更多创意与趣味。

步骤 01 在剪映创作界面中导入素材，并保持素材为选中状态。打开"AI效果"面板，在"玩法"选项组中选择"场景变换"分类，随后选择"魔法换天II"选项，如图7-62所示。

图 7-62

步骤 02 预览视频。图片中的天空被更换，并变为动态视频效果，如图7-63所示。

图 7-63

练习11　使用AI数字人

使用剪映专业版，可以通过文案生成具有表情、动作和语音的数字人，为视频创作增添更多趣味性和互动性。

步骤 01 添加文本素材。启动剪映专业版，在首页中单击"开始创作"按钮，打开创作界面。将视频素材拖动到轨道中，将时间轴移动到开始添加数字人的时间点，在窗口左侧打开"文本"面板，单击"默认文本"下方的➕按钮，添加文本素材，如图7-64所示。

图 7-64

步骤 02 输入文案。 保持文本素材为选中状态，在窗口右侧功能区的"文本"面板中输入文案，如图7-65所示。

步骤 03 添加数字人。 保持文本素材为选中状态，在功能区中打开"数字人"面板，选择一个形象合适的数字人，单击"添加数字人"按钮，如图7-66所示。系统会对文案内容进行分析和处理，稍作等待便可生成数字人。

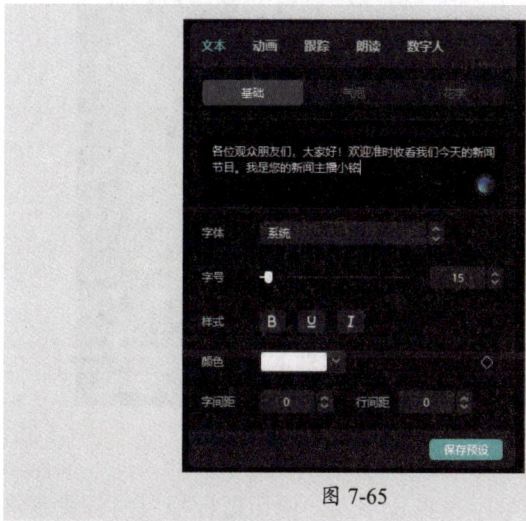

图 7-65

图 7-66

步骤 04 删除文本素材。 在时间线面板中选择文本素材，在工具栏中单击"删除"按钮，将其删除，如图7-67所示。

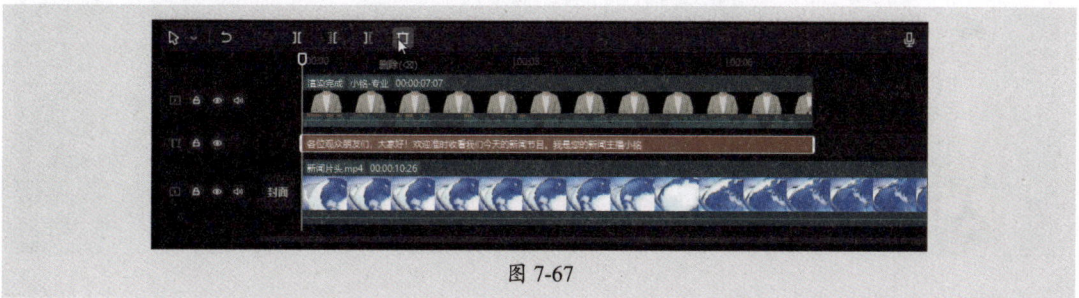

图 7-67

步骤 05 **自动识别字幕。** 在时间线面板中右击数字人素材，在弹出的快捷菜单中选择"识别字幕/歌词"命令，如图7-68所示，系统随即自动识别出字幕。

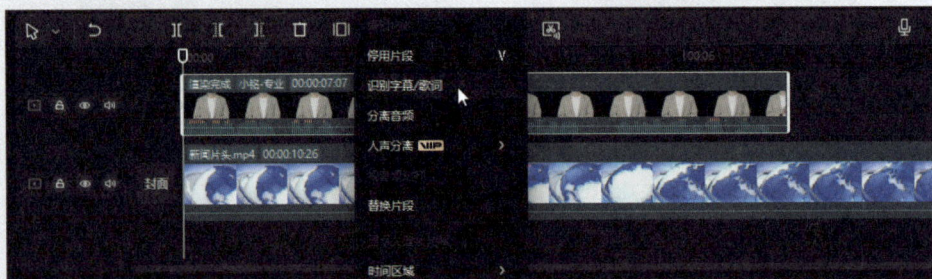

图 7-68

步骤 06 **设置字幕格式。** 选中任意一段字幕素材，在功能区中打开"文本"面板，设置字体和字间距，并选择一个合适的预设样式，如图7-69所示。

图 7-69

步骤 07 **调整数字人大小和位置。** 在预览区域中选择数字人，使用鼠标拖曳的方式调整数字人的大小和位置，最后预览数字人效果，如图7-70所示。

图 7-70

练习12 生活记录一键成片

剪映专业版的"文字成片"功能能够智能分析文案并自动匹配图片、视频及音乐，一键快速生成高质量视频。下面将利用该功能自动生成视频。

步骤 01 执行"文字成片"命令。 在电脑上启动"剪映专业版"软件，在首页中单击"文字成片"按钮，如图7-71所示。

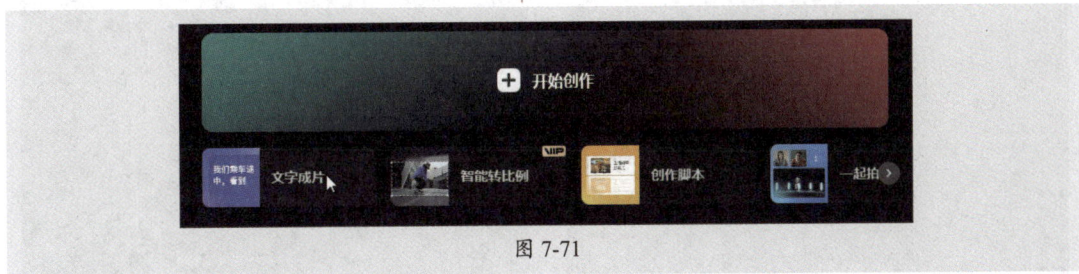

图 7-71

步骤 02 智能写文案。 打开"文字成片"对话框，在"智能写文案"选项组中选择"生活记录"选项，输入主题以及事件描述，根据需要选择视频时长，单击"生成文案"按钮，如图7-72所示。

步骤 03 查看文案。 在对话框右侧随即自动生成3份文案，单击底部翻页箭头可以依次查看所有文案，如图7-73所示。若对当前生成的文案不满意，可以单击"重新生成"按钮，系统随即再次生成3份文案。

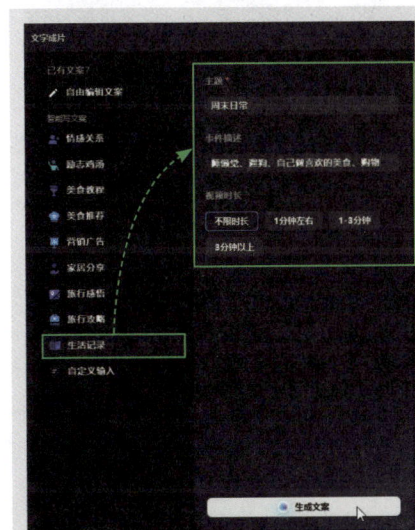

图 7-72

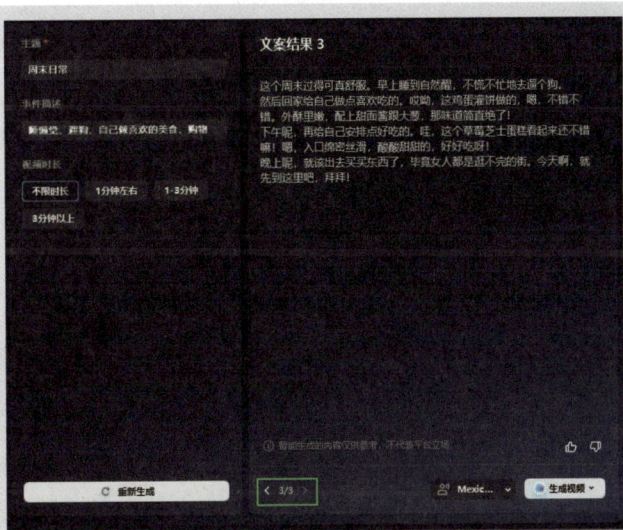

图 7-73

步骤 04 选择配音角色。 选择一个需要使用的文案，单击窗口右下角的声音角色按钮，在展开的列表中包含了大量的声音角色选项。用户可以单击选项右侧的🎧按钮对声音进行逐一试听，最后选择一个满意的声音，如图7-74所示。

步骤 05 选择匹配素材。 单击"生成视频"按钮，在下拉菜单中选择"智能匹配素材"命令，如图7-75所示，系统随即开始自动生成视频。

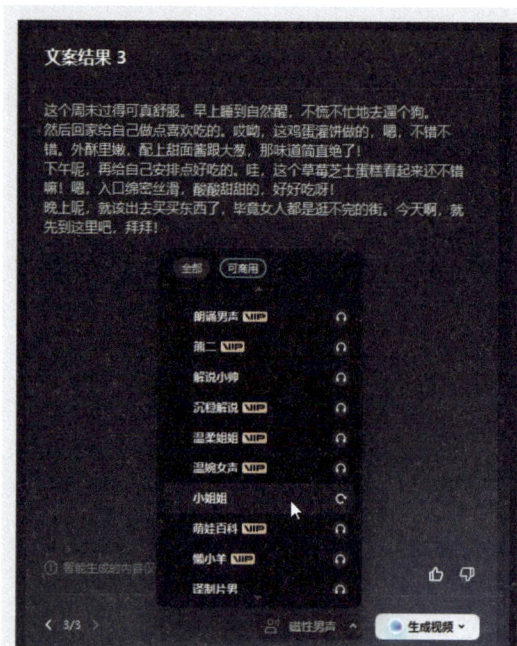

图 7-74

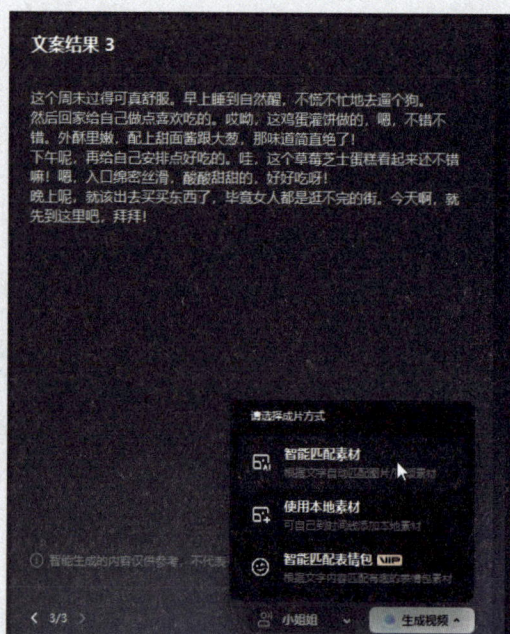

图 7-75

步骤 06 **预览视频**。视频生成后，会自动在创作界面中打开，在时间线面板中可以看到视频使用的所有素材。单击预览区域下方的▶按钮，可以对视频进行预览，如图7-76所示。

图 7-76

第 **8** 章

代码编写：
AIGC助力代码生成

内容导读

　　代码是开发者使用计算机语言编写的指令集合，是软件开发和计算机程序创建的基础。开发者可以通过代码实现各种丰富而绚丽的程序效果。随着AIGC技术的发展，代码的生成也变得更加便捷且高效。开发者可以通过合适的AIGC工具，轻松实现代码的生成与优化，并进行智能的分析和测试，确保代码的质量和性能。

要点与难点

- 常用的编程语言
- 配置开发环境
- 应用AIGC技术生成代码
- 应用AIGC技术优化代码
- 应用AIGC技术修复代码

跟我做 | 质量单位换算程序

通过AIGC技术，用户可以轻松实现代码的自动生成。本案例将使用文心一言生成质量单位换算程序的代码，并使用Jupyter Notebook预览效果。

步骤 01 打开文心一言（或其他模型平台），输入以下提示词：

> 我想要使用AIGC生成一个具备独立GUI窗口的质量单位换算程序，支持千克、磅、盎司等常见质量单位的相互转换。程序需包括用户输入接口，允许选择初始单位、目标单位及输入数值，并易于使用和理解。请用Python编写，推荐使用Tkinter库实现GUI。

步骤 02 输入并发送提示词后，等待生成。生成内容如下：

当然，我可以帮助你编写一个使用Tkinter库实现的简单质量单位换算程序。这个程序将包括一个独立的GUI窗口，用户可以选择初始单位、目标单位，并输入数值进行转换。以下是实现这个功能的Python代码：

```python
python
import tkinter as tk
from tkinter import ttk

# 定义质量单位之间的转换函数
def convert_weight(value, from_unit, to_unit):
    units = {
        "kg": 1,
        "lb": 0.45359237,  # 1 kg = 2.20462 lbs, so 1 lb = 1 / 2.20462 kg ≈ 0.45359237 kg
        "oz": 0.02834952
        # 1 kg = 35.2739619496 oz, so 1 oz = 1 / 35.2739619496 kg ≈ 0.02834952 kg
    }
    # 将输入值转换为千克，然后再转换为目标单位
    value_in_kg = value * units[from_unit]
    return value_in_kg / units[to_unit]

# 创建主窗口
root = tk.Tk()
root.title("质量单位换算程序")

# 创建并放置标签和输入框
label_from_unit = tk.Label(root, text="初始单位:")
label_from_unit.grid(row=0, column=0, padx=10, pady=10)

combo_from_unit = ttk.Combobox(root, values=["kg", "lb", "oz"])
combo_from_unit.grid(row=0, column=1, padx=10, pady=10)
combo_from_unit.current(0)    # 默认选择第一个选项
```

```
label_value = tk.Label(root, text="数值:")
label_value.grid(row=1, column=0, padx=10, pady=10)

entry_value = tk.Entry(root)
entry_value.grid(row=1, column=1, padx=10, pady=10)

label_to_unit = tk.Label(root, text="目标单位:")
label_to_unit.grid(row=2, column=0, padx=10, pady=10)

combo_to_unit = ttk.Combobox(root, values=["kg", "lb", "oz"])
combo_to_unit.grid(row=2, column=1, padx=10, pady=10)
combo_to_unit.current(0)    # 默认选择第一个选项

# 创建并放置转换按钮和结果标签
def perform_conversion():
    try:
        value = float(entry_value.get())
        from_unit = combo_from_unit.get()
        to_unit = combo_to_unit.get()
        result = convert_weight(value, from_unit, to_unit)
        label_result.config(text=f"结果: {result:.2f} {to_unit}")
    except ValueError:
        label_result.config(text="请输入有效的数值")

button_convert = tk.Button(root, text="转换", command=perform_conversion)
button_convert.grid(row=3, column=0, columnspan=2, pady=20)

label_result = tk.Label(root, text="")
label_result.grid(row=4, column=0, columnspan=2, pady=10)

# 运行主循环
root.mainloop()
```

这个程序创建了一个Tkinter窗口，其中包含两个下拉列表（用于选择初始单位和目标单位）、一个输入框（用于输入数值）、一个转换按钮和一个结果标签。用户选择单位和输入数值后，单击"转换"按钮，程序将计算并显示转换结果。

请注意，转换函数convert_weight使用了固定的单位转换系数，这些系数是基于1千克等于多少磅和盎司的近似值。这些值在实际应用中可能足够准确，但在高精度要求下可能需要更精确的值。

此外，程序中的错误处理只捕获了数值输入错误。如果用户选择了无效的单位组合（尽管在这个程序中不可能发生，因为单位列表是固定的），程序将不会特别处理这种情况。在实际应用中，你可能需要添加更多的错误处理和用户反馈机制。

步骤 **03** 按Win+R组合键，打开"运行"对话框，输入cmd，打开命令提示符窗口，输入jupyter notebook后按Enter键。保持Jupyter Notebook在命令提示符窗口中运行的状态，系统将自动打开浏览器并启动Jupyter Notebook，如图8-1所示。

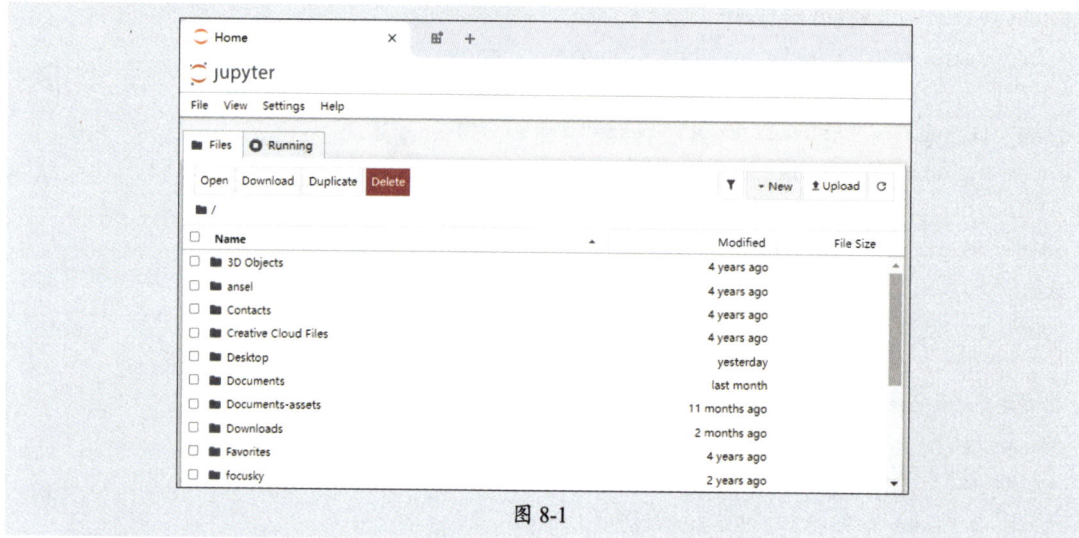

图 8-1

步骤 **04** 单击右上角的New按钮，在下拉菜单中选择Python 3（ipykernel）命令，创建文件。复制生成的代码至Jupyter Notebook文档窗口的编辑区域中，单击▶按钮运行，效果如图8-2所示。

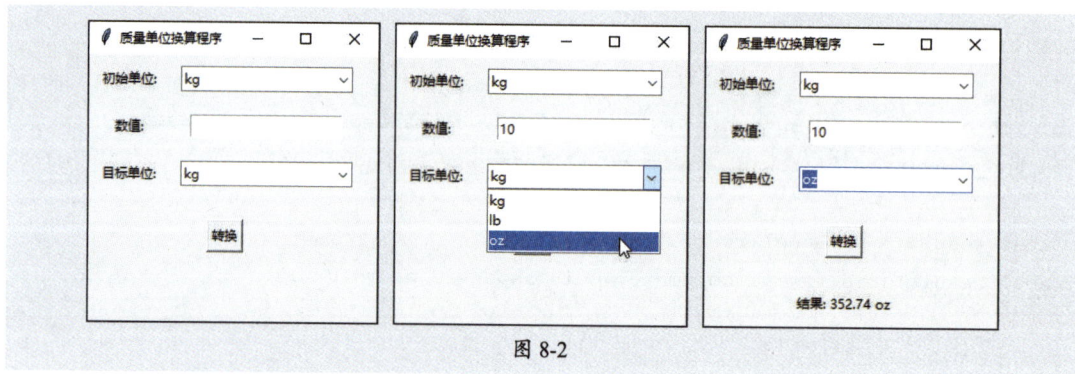

图 8-2

至此，质量单位换算程序制作完成。

思考题

假设你想制作一个随机数字抽奖程序，请使用AIGC工具设计并优化提示词，并根据此提示词，生成Python应用程序。

一起学

8.1 认识代码

代码是一组由字符、符号或信号码元以离散形式表示信息的、定义明确的规则系统，其本质在于将人类的逻辑思维转化为计算机能够理解和执行的指令集或符号系统。以一个简单的Python冒泡排序代码为例：

```python
def bubble_sort(arr):
    n = len(arr)  # 获取数组长度，计算机需要知道要处理的元素数量

    # 外层循环：控制排序的轮数
    for i in range(n):  # 使用for循环遍历数组，这是计算机处理重复任务的常用方式

        # 内层循环：在未排序部分中进行比较和交换
        for j in range(0, n-i-1):  # 减少不必要的比较，提高效率

            # 比较和交换逻辑
            if arr[j] > arr[j+1]:  # 使用if语句进行条件判断，这是计算机决策的基础
                # 使用元组解包进行交换，这是Python中交换两个变量值的简洁方式
                arr[j], arr[j+1] = arr[j+1], arr[j]

# 测试冒泡排序算法
if __name__ == "__main__":
    # 定义一个待排序的数组
    sample_array = [63, 36, 27, 14, 20, 11, 92]

    # 打印排序前的数组
    print("排序前的数组:")
    print(sample_array)

    # 调用冒泡排序函数进行排序
    bubble_sort(sample_array)

    # 打印排序后的数组
    print("排序后的数组:")
    print(sample_array)
```

该代码的核心思想是通过相邻元素的反复比较与交换，使较大元素逐步浮到数列末尾。代码采用以下双重嵌套循环结构。

- **外层循环（for i in range(n)）**：控制排序轮次，确保所有元素完成位置调整。每完成一轮，当前未排序部分的最大值会被移动到正确位置。

- **内层循环（for j in range(0, n-i-1))**：负责单轮的元素遍历与比较，其中n-i-1是关键优化点，避免对已排序尾部元素进行冗余比较。

运行代码，效果如图8-3所示。

```
排序前的数组：
[63, 36, 27, 14, 20, 11, 92]
排序后的数组：
[11, 14, 20, 27, 36, 63, 92]
```

图 8-3

8.2 常用编程语言

编程语言是人类设计的用于定义和构造计算机程序的形式化符号系统，是人机交互的桥梁。通过这一系统，人类能够与计算机进行有效交流和沟通，进而指导计算机执行各种复杂的功能和满足多样化的应用需求。常用的编程语言包括Python、JavaScript、Java、C语言等。本节将对常用编程语言进行介绍。

1. Python

Python是一种广泛使用的高级编程语言，以简洁易读的语法而闻名。它支持多种编程范式，包括面向对象、命令式和函数式编程，拥有丰富的标准库和第三方库，几乎覆盖了所有常见的应用领域，如Web开发、数据分析、人工智能、机器学习、网络编程、科学计算、自动化脚本编写等。Python的语法设计强调代码的可读性和简洁性，缩进表示的代码块使得代码更加直观易懂。易于移植的解释器使Python能够在多种操作系统上运行，从而成为跨平台开发的理想选择。

下面是一个计算两数之和的Python代码示例：

```python
def add(a, b):  # 定义一个名为add的函数，接受两个参数：a和b
    return a + b  # 返回a和b的和


# 测试代码
result = add(6, 8)  # 调用add函数，传入6和8作为参数，将返回值赋给result变量
print(f"The sum is: {result}")  # 使用格式化字符串打印结果
```

2. JavaScript

JavaScript是一种动态的编程语言，广泛应用于Web开发中，其主要目的是增强网页的交互性和动态性。作为Web开发的核心技术之一，它可以直接嵌入HTML页面中，并通过浏览器进行解释和执行。JavaScript支持面向对象、函数式和事件驱动的编程风格，使开发者能够创建交互性强、动态更新的网页应用。

除了前端开发，JavaScript还通过Node.js等平台成功扩展到了服务器端编程领域，并且能够用于开发移动应用（如使用React Native）以及桌面应用（如使用Electron）。其庞大的生态系统，涵盖了众多优秀的框架和库（如React、Vue、Angular等），极大地推动了Web开

发的高效性和创新性。

下面是一个计算两数之和的JavaScript代码示例：

```javascript
function add(a, b) {  // 定义一个名为add的函数，接受两个参数：a和b
    return a + b;  // 返回a和b的和
}


// 测试代码
const result = add(6, 8);  // 调用add函数，传入6和8作为参数，将返回值赋给常量result
console.log('The sum is: ${result}');  // 使用模板字符串打印结果
```

3. Java

Java是一种面向对象、基于类的通用编程语言，由Sun Microsystems于1995年推出，现隶属于Oracle公司。它秉承"一次编写，到处运行"（Write Once, Run Anywhere）的核心理念，通过Java虚拟机（JVM）实现跨平台兼容性，编译后的字节码可在任何支持JVM的设备上执行。作为面向对象的编程语言，Java强调代码模块化和安全性，内置垃圾回收机制，有效降低了内存泄漏的风险。其应用领域极为广泛，涵盖企业级应用、Android开发、大数据处理、云计算服务及嵌入式设备等。

下面是一个计算两数之和的Java代码示例：

```java
public class Main {  // 定义一个名为Main的公共类
    // 定义一个名为add的静态方法，接受两个整型参数：a和b，返回整型结果
    public static int add(int a, int b) {
        return a + b;  // 返回a和b的和
    }


    public static void main(String[] args) {  // 主方法，程序的入口点
        int result = add(6, 8);  // 调用add方法，传入6和8作为参数，将返回值赋给整型变量result
        // 使用System.out.println方法打印结果
        System.out.println("The sum is: " + result);
    }
}
```

4. C

C语言是一种面向过程的通用编程语言，由Dennis Ritchie于1972年在贝尔实验室开发。其初衷是为了提供一种比汇编语言更高效、更易于维护的编程工具，以支持UNIX系统的开发。作为现代编程语言的基石，C语言以高效性、灵活性和强大的底层控制能力而著称。C语言采用过程式编程范式，支持静态类型检查、指针操作和直接内存管理，使开发者能够精准地控制硬件资源。其语法简洁明了，提供了一套丰富的标准库来实现基础功能，并通过预处理器扩展了宏定义等能力，进一步增强了代码的灵活性和可读性。

作为编译型语言，C语言能够生成高效运行的代码，适用于各类平台，是跨平台开发的早期典范。由于其出色的性能和广泛的应用领域，C语言在操作系统、嵌入式系统、驱动

程序、高性能计算、实时系统及游戏引擎等领域中发挥着重要作用。

下面是一个计算两数之和的C代码示例：

```c
#include <stdio.h>  // 包含标准输入输出库

int add(int a, int b) {  // 定义一个名为add的函数，接受两个整型参数：a和b，返回整型结果
    return a + b;  // 返回a和b的和
}

int main() {  // 主函数，程序的入口点
    int result = add(6, 8);  // 调用add函数，传入6和8作为参数，将返回值赋给整型变量result
    // 使用printf函数打印结果，%d是整型占位符，\n是换行符
    printf("The sum is: %d\n", result);
    return 0;  // 主函数返回0，表示程序正常结束
}
```

5. Go

Go（又称Golang）是一种由Google开发的静态类型、编译型的开源编程语言，自2009年发布以来，便以其简洁的语法、高效的并发处理能力、内置的垃圾回收机制以及广泛的应用领域而广受好评。Go语言融合了静态语言的性能优势与动态语言的开发便捷性，以"简洁高效"为核心，原生支持高并发编程，通过轻量级协程（goroutine）和通信管道（channel）降低了并发开发的难度。其编译速度快，可生成独立可执行文件，并支持跨平台部署。在云计算、微服务、分布式系统及高性能网络服务等众多领域，Go语言均展现出强大的实力，成为云原生时代的标志性语言。

下面是一个计算两数之和的Go代码示例：

```go
package main  // 声明包名为main

import "fmt"  // 导入fmt包，用于格式化输出

func add(a int, b int) int {
    // 定义一个名为add的函数，接受两个整型参数：a和b，返回整型结果
    return a + b
}

func main() {  // 主函数，程序的入口点
    // 调用add函数，传入6和8作为参数，将返回值赋给短变量result（:=表示声明并赋值）
    result := add(6, 8)
      // 使用fmt.Printf函数打印结果，%d是整型占位符，\n是换行符
    fmt.Printf("The sum is: %d\n", result)
}
```

8.3 编程语言的核心要素

变量、控制结构和函数是编程语言中的核心要素，它们几乎存在于所有的编程语言中，并在编程过程中发挥着至关重要的作用。下面将对此进行介绍。

1. 变量

变量是编程中不可或缺的基本元素，它们扮演着数据容器的角色。在程序执行过程中，变量用于动态地存储和访问数据。每个变量都有一个唯一的名称（即变量名），用于标识它所存储的数据。变量的值可以随着程序的运行而改变，这使得变量成为处理动态数据和逻辑决策的关键工具。

2. 控制结构

控制结构是编程语言中用于管理程序流程的重要机制。它们允许程序员根据特定条件或重复执行某些代码块。条件语句（如if-else）使程序能够根据条件判断执行不同的代码路径，而循环语句（如for、while）则允许程序重复执行某段代码，直到满足特定条件为止。通过巧妙地使用控制结构，程序员可以构建出复杂且高效的程序流程。以下是一个包括控制结构的Python代码示例：

```python
# 顺序结构：按照从上到下的顺序执行代码
print("这是顺序执行的代码部分。")


# 定义变量
num = int(input("请输入一个整数："))


# 选择结构：根据条件执行不同的代码块
if num > 0:
    print(f"{num} 是一个正数。")
elif num < 0:
    print(f"{num} 是一个负数。")
else:
    print(f"{num} 是零。")


# 循环结构：重复执行代码块直到满足特定条件
# 使用for循环遍历一个范围
for i in range(5):  # 这里将打印数字0到4
    print(f"for循环中的第 {i+1} 次迭代。")


# 使用while循环，直到满足特定条件时停止
count = 0
while count < 3:  # 这里将打印三次
    print(f"while循环中的第 {count+1} 次迭代。")
    count += 1  # 更新计数器以避免无限循环
```

```
# 嵌套结构：在一个控制结构内部包含另一个控制结构
# 例如，在for循环中使用if语句
for j in range(-2, 3):  # 遍历-2到2（包含2，因为range的结束值是开区间）
    if j % 2 == 0:  # 如果j是偶数
        print(f"{j} 是偶数。")
    else:
        print(f"{j} 是奇数。")
```

3. 函数

函数是编程中的独立代码块，用于执行特定的任务或计算。它们可以接受输入参数，并根据这些参数执行一系列操作，最终返回结果。函数的使用极大地提高了代码的可重用性、可读性和可维护性。通过将重复使用的代码封装成函数，程序员可以在不同的地方通过调用同一个函数来完成相同的任务，从而简化代码结构，减少错误发生的可能性。以下是一个简单的Python函数——calculate_square的示例：

```
def calculate_square(number):
    """
    计算一个数的平方。

    参数：
    number (int or float): 要计算平方的数。

    返回：
    int or float: 输入数的平方。
    """
    return number * number


# 使用该函数
result = calculate_square(6)
print(f"6 的平方是: {result}")
```

8.4 配置开发环境

开发环境是用于编写、测试和调试代码的一系列工具、配置和资源的集合，在软件开发过程中起着至关重要的作用。配置开发环境时，需要根据项目需求选择合适的工具，以Python开发环境的配置为例，方法如下。

1. 安装 Python 解释器

Python解释器是Python编程语言的核心组件，它可以将Python源代码转换为机器代码并执行。访问Python官方网站，根据操作系统类型下载相应的安装文件，如图8-4所示。下载完成后，双击下载包，进入Python安装向导，根据提示安装完成。

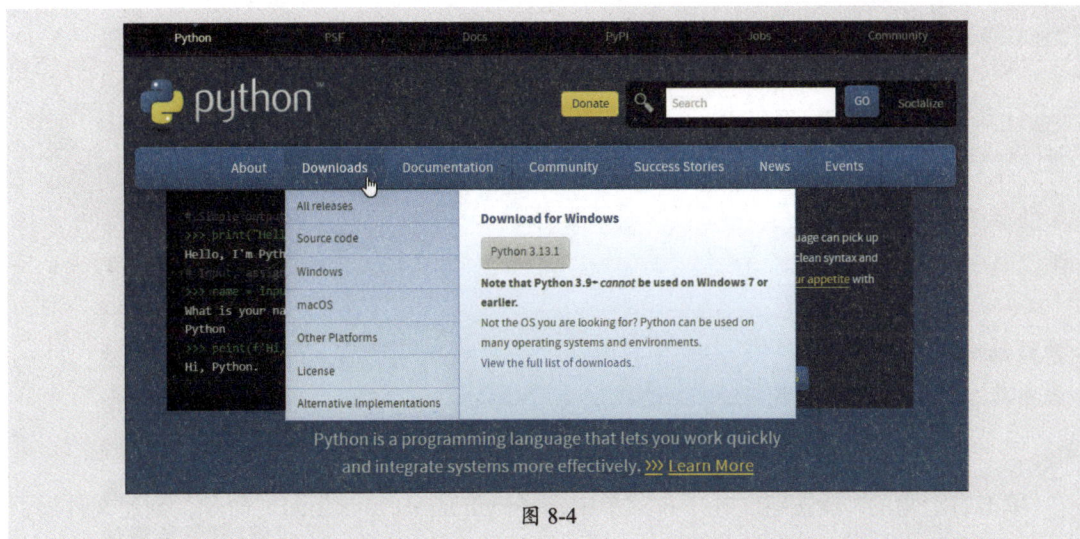

图 8-4

安装完成后，按Win+R组合键，打开"运行"对话框，输入cmd，打开命令提示符窗口，在其中输入python后按Enter键，验证是否安装。图8-5所示为安装成功后显示的代码，其含义如下。

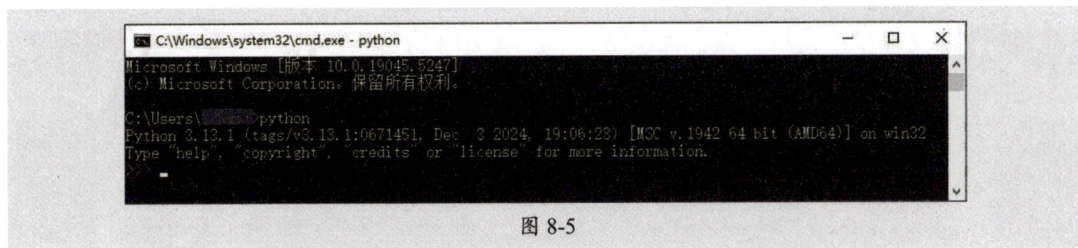

图 8-5

- Python 3.13.1：表示安装的Python版本是3.13.1。
- (tags/v3.13.1:0671451, Dec 3 2024, 19:06:28)：这是Python版本的构建信息，显示了版本的标签和构建日期。
- [MSC v.1942 64 bit (AMD64)]：表示安装的是64位的Python版本，适用于AMD 64架构。
- on win32：表示您在Windows 32位或64位操作系统上运行Python。

2. 选择并安装IDE或文本编辑器

IDE（Integrated Development Environment，集成开发环境）是为开发者提供代码编写、调试、测试、构建、部署以及版本控制等全流程支持的工具。它集成了多种开发工具和功能，旨在提高软件开发的效率和质量。用户可以根据自己的具体需求选择合适的IDE，并进行个性化配置，以满足特定的开发工作流程。以Jupyter Notebook的安装与应用为例，方法如下。

在系统命令提示符窗口中输入pip3 install Jupyter，以安装Jupyter Notebook。安装完成后，在命令提示符窗口中输入jupyter notebook，启动Jupyter Notebook。保持Jupyter Notebook在命令提示符窗口中运行的状态，系统将自动打开浏览器，如图8-6所示。

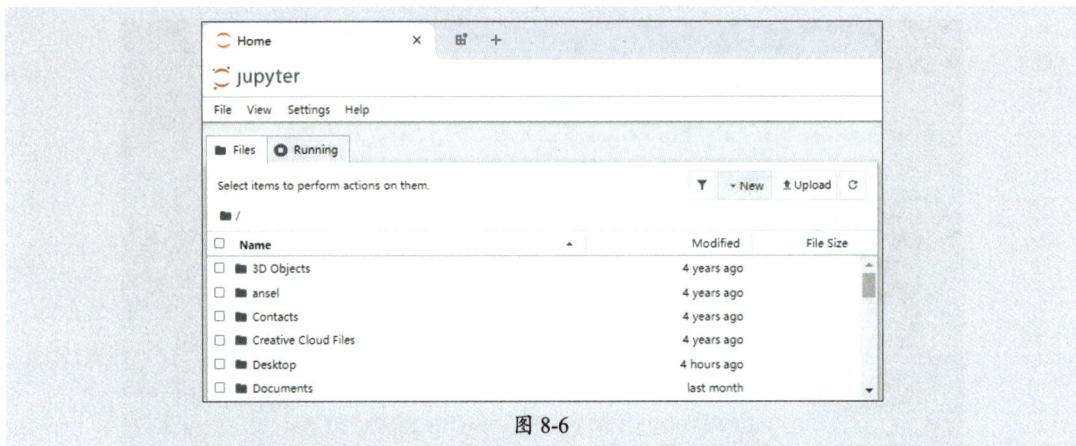

图 8-6

单击右上角的New按钮，在下拉菜单中选择Python 3（ipykernel）命令，创建文件后，在新窗口中输入Python代码并运行，如图8-7所示。

图 8-7

8.5 代码补全与代码生成

随着技术的不断发展与进步，AIGC在代码开发领域发挥着越来越重要的作用，这主要体现在代码自动补全、代码生成、代码优化、代码调试与错误修复等方面。本节将对此进行介绍。

1. 代码自动补全

利用AIGC技术，集成开发环境（IDE）能够根据开发者输入的部分代码以及当前的上下文环境，智能地预测并补全可能的后续代码片段。例如，开发者在编写代码时，只需输入部分代码，AIGC技术就能自动分析上下文，并推荐、补全相关的代码元素，如变量名、函数名、类名以及必要的导入语句等。这一功能使得开发者能够专注于业务逻辑的实现，加速编码效率，降低编码过程中的错误率。自动补全的代码格式规范、命名一致且符合编码标准，还可以有效提升代码的整体可读性和一致性，为后期的维护和理解提供便利。图8-8所示为豆包MarsCode的代码补全效果。

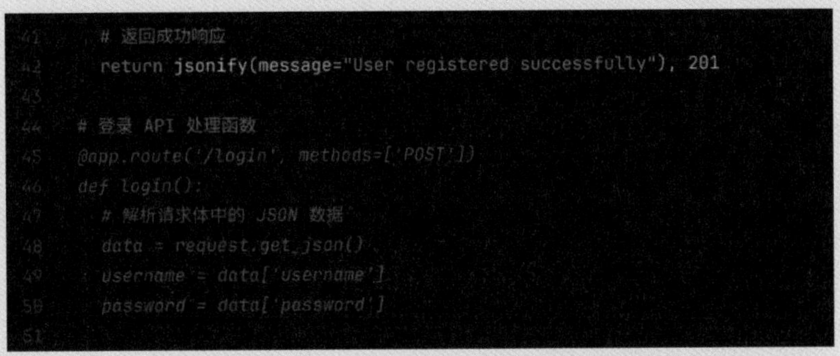

图 8-8

❷ 代码生成

借助AIGC技术，开发者可以仅提供少量的描述，就生成符合需求的代码，从而节省大量的编写时间。以网页轮播图代码的生成为例，在AIGC工具，如文心一言中输入以下提示词：

> 我计划创建一个网页，该页面需包含两幅并排放置的图片，每张图片设定有具体的尺寸。网页设计需支持响应式布局，以适应各种设备屏幕尺寸，并保证图片不失真地自动调整大小。此外，要求通过JavaScript实现如下交互功能：用户点击任意一张图片时，该图片将在新的浏览器标签页中打开，以便查看其原始分辨率和更多细节。请提供包含HTML、CSS及必要JavaScript代码的完整解决方案。确保图片预设有固定的宽度和高度值，但同时支持自适应不同屏幕尺寸进行调整。最终代码应简洁高效，并附有详尽注释，便于理解和后续修改。所有代码需整合在一个文档内。

文心一言回答如下：

> 当然，以下是一个包含HTML、CSS和JavaScript的完整解决方案，旨在创建一个包含两幅并排放置图片的响应式网页。每张图片预设了固定的宽度和高度值，但能够根据屏幕大小自适应调整，同时保留了图片的原始宽高比，防止失真。当用户点击任意一张图片时，图片将在新标签页中打开以查看原始分辨率和更多细节。

```html
html
<!DOCTYPE html>
<html lang="zh-CN">
<head>
    <meta charset="UTF-8">
    <meta name="viewport" content="width=device-width, initial-scale=1.0">
    <title>响应式图片点击展示</title>
    <style>
        /* CSS样式 */
        body {
            display: flex;
            justify-content: center;
```

```
            align-items: center;
            height: 100vh;
            margin: 0;
            font-family: Arial, sans-serif;
            background-color: #f4f4f4;
        }
        .image-container {
            display: flex;
            justify-content: center;
            align-items: center;
            gap: 20px; /* 图片之间的间距 */
            width: 100%;
            max-width: 800px; /* 容器最大宽度 */
        }
        .responsive-image {
            width: 100%;
            max-width: 300px; /* 图片的最大宽度 */
            height: auto;      /* 高度自动调整以保持宽高比 */
            cursor: pointer;   /* 鼠标悬停时显示为手形 */
            transition: transform 0.3s ease; /* 添加平滑过渡效果 */
        }
        /* 响应式设计 */
        @media (max-width: 600px) {
            .image-container {
                flex-direction: column; /* 小屏幕上图片垂直排列 */
                align-items: center;
                gap: 10px;              /* 小屏幕上图片之间的间距 */
            }
            .responsive-image {
                max-width: 100%;        /* 小屏幕上图片宽度占满容器 */
            }
        }
    </style>
</head>
<body>
    <!-- HTML结构 -->
    <div class="image-container">
        <img src="path/to/your/image1.jpg" alt="图片1描述" class="responsive-image"
            data-fullsize="path/to/your/fullsize/image1.jpg">
        <img src="path/to/your/image2.jpg" alt="图片2描述" class="responsive-image"
            data-fullsize="path/to/your/fullsize/image2.jpg">
    </div>
```

```
<!-- JavaScript交互功能 -->
<script>
    // 获取所有具有响应式图片类的图片元素
    const images = document.querySelectorAll('.responsive-image');

    // 为每张图片添加点击事件监听器
    images.forEach(image => {
        image.addEventListener('click', function(event) {
            // 使用data-fullsize属性获取原始分辨率图片的URL
            const fullSizeImageUrl = this.getAttribute('data-fullsize');
            // 在新标签页中打开原始分辨率图片
            window.open(fullSizeImageUrl, '_blank');
        });
    });
</script>
</body>
</html>
```

代码说明

1. HTML部分：

● 包含一个.image-container容器，用于包裹两张图片。

● 每张图片使用<img>标签，并设置了src属性（请替换为您自己的缩略图路径），alt属性提供图片描述，class属性用于应用样式，以及data-fullsize属性存储原始分辨率图片的URL（请替换为您自己的原始图片路径）。

2. CSS部分：

● 设置了body的样式以居中显示内容，并设置了背景颜色。

● .image-container类用于设置图片容器的样式，包括布局方式（flex）、图片之间的间距、容器的最大宽度等。

● .responsive-image类用于设置图片的样式，包括宽度自适应、最大宽度限制、高度自动调整，以保持宽高比、鼠标悬停时的手形光标及过渡效果。

● 使用了媒体查询@media (max-width: 600px)，当屏幕宽度小于600像素时，图片容器将变为垂直排列，并且调整了图片之间的间距。

3. JavaScript部分：

● 使用document.querySelectorAll方法获取所有具有.responsive-image类的图片元素。

● 使用forEach方法遍历图片元素，并为每张图片添加点击事件监听器。

● 在点击事件处理函数中，使用this.getAttribute()方法获取原始分辨率图片的URL，并使用window.open方法在新标签页中打开该URL。

请确保将path/to/your/image1.jpg、path/to/your/fullsize/image1.jpg、path/to/your/image2.jpg和path/to/your/fullsize/image2.jpg替换为您自己的图片文件路径。此代码已经包含了详尽的注释，以便于您理解和后续修改。

复制代码内容至Dreamweaver中，更改图片文件路径，保存文档后按F12键，预览效果如图8-9、图8-10所示。

图 8-9

图 8-10

8.6 代码优化

代码优化是软件开发过程中的关键环节，它贯穿于整个开发流程，可以有效提升程序的性能和资源利用率，增强代码的可读性、可维护性和安全性。这些改进能够极大地改善用户体验，降低硬件采购和维护成本，进而增强产品的市场竞争力。

随着技术的不断进步，AIGC技术已经能够实现高效的代码优化效果。借助深度学习模型，AIGC能够深入剖析代码的结构、逻辑以及执行路径，精准识别出代码中的性能瓶颈。在此基础上，AIGC会提出一系列具体的代码优化方案，这些方案不仅有助于显著提升代码的质量，还能极大地提高开发效率。以Python代码的优化为例，在文心一言中输入以下提示词：

> 我有一段Python代码，其功能为计算给定数字列表中所有数字的平方和。然而，在处理包含大量数字的列表时，该代码的执行效率显得较低。我注意到，代码中的循环结构和平方计算是导致性能瓶颈的主要因素。为了提高执行效率，我希望对这部分代码进行优化，特别是减少不必要的计算步骤和中间变量。同时，我希望优化后的代码仍然保持清晰易懂，不改变其原有的输入和输出行为。
>
> ```python
> # 原始代码
> def calculate_square_sum(numbers):
>     square_sum = 0
>     for num in numbers:
>         square = num ** 2
>         square_sum += square
>     return square_sum
> ```

```
# 示例使用
numbers = [1, 2, 3, 4, 5]
print(calculate_square_sum(numbers))
```

文心一言回答如下：

针对您所提供的calculate_square_sum函数原始代码及其性能优化需求，以下是一个精简且高效的优化方案：

我们采用Python内置的sum函数，并结合生成器表达式，以此来精简代码结构并提升性能。这种方法不仅减少了代码行数，还消除了不必要的中间变量，从而实现了更高效的计算。

以下是优化后的代码：

```python
def calculate_square_sum(numbers):
    return sum(num ** 2 for num in numbers)


# 示例使用
numbers = [1, 2, 3, 4, 5]
print(calculate_square_sum(numbers))
```

在这个优化版本中，sum函数会迭代由生成器表达式(num ** 2 for num in numbers)所生成的平方数序列，并实时累加这些平方数，最终返回总和。这种方法相较于原始代码中的显式循环，不仅代码更加简洁，而且通常在性能上也有所提升，特别适合用在处理大型数据集。

值得注意的是，虽然在这个特定案例中性能提升可能不是特别显著，但使用内置函数和生成器表达式通常是Python编程中的一种推荐做法，因为它们往往能提供更高的代码可读性和潜在的性能优势。

8.7 代码调试与修复

代码调试与修复是软件开发过程中不可或缺的一环，其主要目的是通过一系列方法和工具来识别并准确定位代码中的错误和异常行为，进而对这些错误进行修复，对代码进行优化，以提升代码的整体质量和系统的稳定性，确保软件功能能够按照预期顺利实现。

随着AIGC技术的发展，使得代码的调试与修复更加便捷和高效。利用深度学习和自然语言处理技术，AIGC能够智能分析代码结构、语法和上下文信息，精准定位错误，并提供针对性的修复建议。部分AIGC工具还能够自动生成单元测试用例，确保修复后的代码能够按预期工作，并有效防止回归错误的发生，减少人为错误和疏漏的可能性。以Python代码的调试与修复为例，在文心一言中输入以下提示词：

请帮助我调试以下Python代码：

```
def process_numbers(numbers):
    found_even = False
    for num in numbers:
        if num % 2 == 0:
            found_even = True
            break

    if found_even = True:
        print("At least one even number was found.")
    else:
        print("No even numbers found.")


numbers_list = [1, 3, 5, 7, 9]
process_numbers(numbers_list)
```
我在运行这段代码时遇到错误，请检查代码并告诉我问题所在，以及如何修复它。

文心一言回答如下：

您提供的Python代码中存在一个常见的错误，即在if语句中错误地使用了赋值操作符=而不是比较操作符==。在if语句中，您应该使用==来检查found_even是否为True。但是，在这个特定的例子中，由于found_even是一个布尔变量，您实际上可以直接使用它作为条件，而无须与True进行比较。

下面是修复后的代码：

```python
def process_numbers(numbers):
    found_even = False
    for num in numbers:
        if num % 2 == 0:
            found_even = True
            break  # 找到第一个偶数就退出循环

    # 直接使用found_even作为条件，无须与True进行比较
    if found_even:
        print("At least one even number was found.")
    else:
        print("No even numbers found.")


# 主程序
numbers_list = [1, 3, 5, 7, 9]
process_numbers(numbers_list)
```

在这段修复后的代码中，我移除了if语句中的=，并直接使用了found_even变量。由于found_even是一个布尔值（True或False），因此它可以直接用作if语句的条件。当

found_even为True时，将打印出"At least one even number was found."，否则将打印出"No even numbers found."。

现在，当您运行这段代码时，它将正确地检查numbers_list中是否存在偶数，并打印出相应的消息。由于numbers_list中所有数字都是奇数，因此它将打印"No even numbers found."。

自己练

（练习1）图像悬停切换效果

本案例将使用AIGC工具生成网页代码，以实现图像悬停切换的效果。

步骤01 打开文心一言（或其他模型平台），输入以下提示词：

> 我需要使用AIGC生成网页代码，实现当鼠标悬停在图片上时，该图片切换为另一张预设图片；鼠标移开后，图片恢复原状。要求包括初始图片展示、平滑的图片切换和复原效果，并使用HTML、CSS和JavaScript实现此交互，同时确保响应式设计适用于各种设备。所有代码需整合在一个文档内。

步骤02 输入并发送提示词后，等待生成。生成内容如下：

为了将HTML、CSS和JavaScript代码整合在一个文档内，并实现您所描述的图片悬停切换效果，同时确保响应式设计，您可以使用以下的代码示例。这个示例将所有代码都包含在了一个HTML文件中，通过<style>标签和<script>标签分别嵌入了CSS和JavaScript代码。

```html
<!DOCTYPE html>
<html lang="en">
<head>
    <meta charset="UTF-8">
    <meta name="viewport" content="width=device-width, initial-scale=1.0">
    <title>Image Hover Effect</title>
    <style>
        /* 确保容器适应图片大小，并设置一些基本的样式 */
        .image-container {
            width: 100%;
            max-width: 600px; /* 可根据需要调整 */
            margin: 0 auto;
            overflow: hidden; /* 防止图片溢出容器 */
        }
```

```
        /* 设置图片的初始样式 */
        .image-container img {
            width: 100%;
            height: auto;
            display: block;
            transition: opacity 0.5s ease;
            /* 图片切换时的平滑过渡，但注意这里opacity对src切换无直接作用 */
            /* 由于直接更改src不会触发opacity过渡，这里仅作为示例 */
        }

        /* 为了实现平滑切换的视觉效果，可以考虑使用两层图片，通过显示/隐藏来模拟 */
        /* 但这里为了简化，仍然使用直接更改src的方法，并接受可能的闪烁 */
    </style>
</head>
<body>
    <div class="image-container">
        <img id="hover-image" src="initial-image.jpg" alt="Hover to see another image">
    </div>

    <script>
        document.addEventListener('DOMContentLoaded', function() {
            const hoverImage = document.getElementById('hover-image');
            const hoverImageUrl = 'hover-image.jpg'; // 预设的悬停图片URL

            hoverImage.addEventListener('mouseover', function() {
                hoverImage.src = hoverImageUrl; // 鼠标悬停时切换图片
                // 如果需要添加额外的过渡效果（如淡出淡入），可以考虑使用额外的逻辑和CSS类
            });

            hoverImage.addEventListener('mouseout', function() {
                // 这里假设您有一个初始图片的URL变量，但在这个整合示例中我们直接写死了
                // 在实际应用中，您可能希望将其存储为一个变量以便管理
                hoverImage.src = 'initial-image.jpg'; // 鼠标移开时恢复原图片
            });
        });
    </script>
</body>
</html>
```

注意事项

● 平滑过渡：直接更改src属性通常不会导致平滑过渡，因为浏览器需要加载新图片。为了实现真正的平滑过渡，您可能需要使用两层图片（例如，使用<div>容器内的两个<img>标签，并通过CSS的display或opacity属性来控制它们的显示），并

通过JavaScript在鼠标事件之间切换这些图片的可见性。但这种方法会增加HTML的复杂性。

- 响应式设计：上述代码中的CSS已经包含了响应式设计的基本要素，即使用百分比宽度来确保图片容器在不同屏幕尺寸下都能适当地缩放。

- 图片加载：由于更改src属性会导致图片重新加载，因此在大图片或慢网络连接上可能会有延迟。为了优化用户体验，可以考虑使用较小的图片、预加载技术或CSS Sprites。

- AIGC工具：如果您打算使用AIGC工具来生成代码，请确保将上述要求和描述清晰地传达给工具，并仔细检查生成的代码以确保其符合您的期望。AIGC工具生成的代码可能需要手动调整和优化。

- 图片资源：在实际应用中，initial-image.jpg和hover-image.jpg应该被替换为您自己的图片资源URL。

将上述代码保存为一个.html文件，并在浏览器中打开即可查看效果。

步骤 03 检查生成的代码后，将其复制并粘贴至Dreamweaver中，重新链接图像，如图8-11所示。

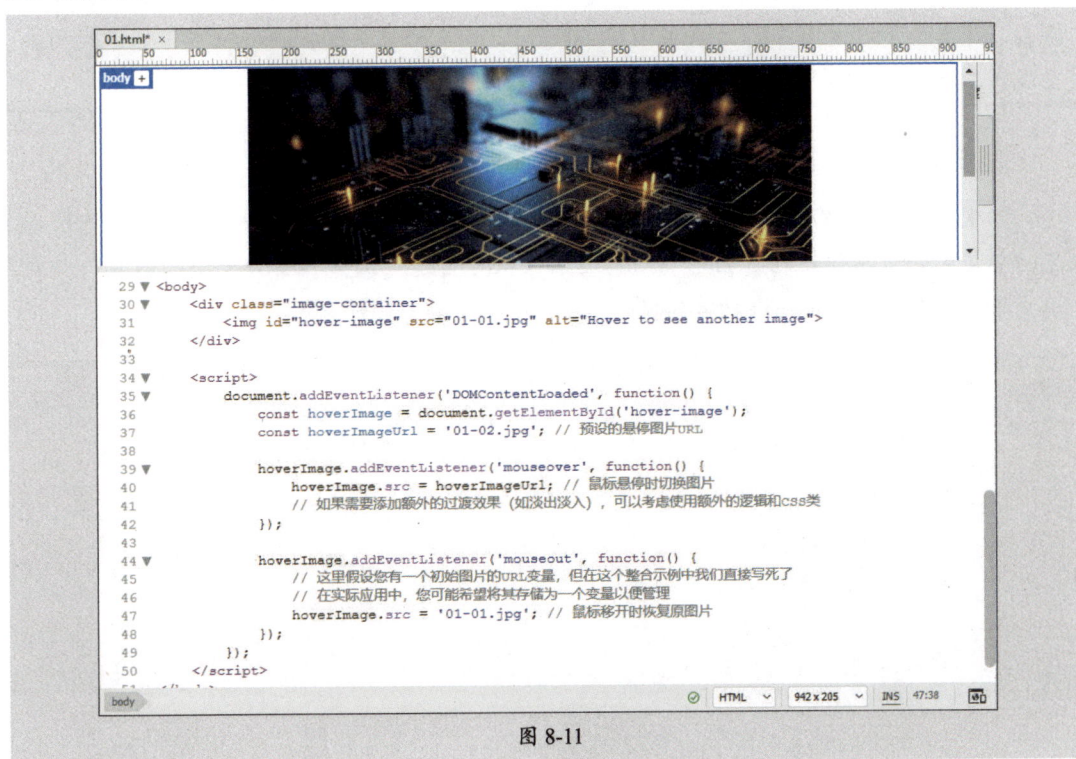

图 8-11

步骤 04 按Ctrl+S组合键保存文档，按F12键在浏览器中预览效果，如图8-12所示。

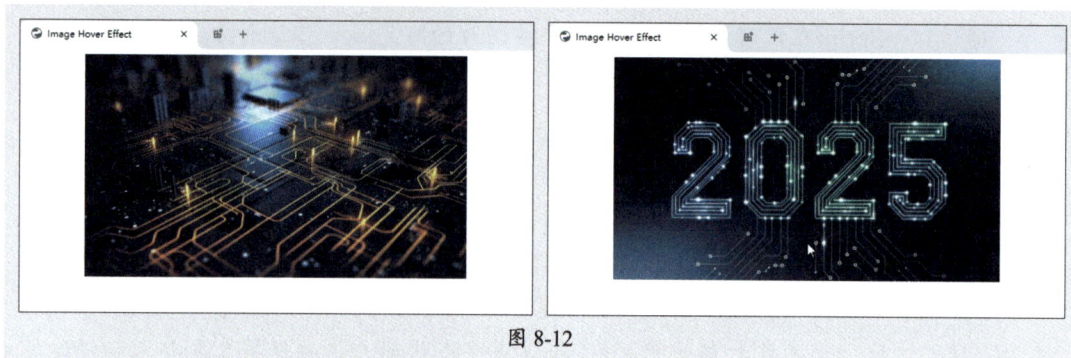

图 8-12

至此，图像悬停切换的效果就制作完成了。

练习2 网页提示效果

本案例将使用AIGC工具生成网页代码，以实现点击图像时弹出提示的效果。

步骤 01 打开文心一言（或其他模型平台），输入以下提示词：

> 构建一个响应式网页功能，要求在页面中央动态展示一张指定URL的图片。该图片需根据浏览器窗口大小自适应调整。用户单击图片时，将触发一个精美的提示框，展示信息"你点击了这张图片！"。实现需融合HTML 5、CSS 3和JavaScript技术，确保代码兼容现代主流浏览器，并将所有代码整合于单一HTML文档中。

步骤 02 输入并发送提示词后，等待生成。生成内容如下：

以下是一个整合了HTML 5、CSS 3和JavaScript的单一HTML文档，它实现了您所描述的响应式网页功能：在页面中央动态展示一张可自适应浏览器窗口大小的图片，并在用户单击该图片时弹出一个精美的提示框。

```html
<!DOCTYPE html>
<html lang="zh-CN">
<head>
    <meta charset="UTF-8">
    <meta name="viewport" content="width=device-width, initial-scale=1.0">
    <title>响应式图片点击提示</title>
    <style>
        body, html {
            margin: 0;
            padding: 0;
            height: 100%;
            display: flex;
            justify-content: center;
            align-items: center;
            background-color: #f0f0f0;
```

```
        }
        .responsive-img {
            max-width: 100%;
            max-height: 100%;
            cursor: pointer;
            object-fit: contain; /* 确保图片按比例缩放 */
        }
        .tooltip {
            display: none;
            position: absolute;
            background-color: #333;
            color: #fff;
            text-align: center;
            padding: 10px;
            border-radius: 5px;
            z-index: 1000;
            font-size: 16px;
            box-shadow: 0 0 10px rgba(0, 0, 0, 0.5); /* 添加阴影效果 */
        }
        .tooltip::after {
            content: '';
            position: absolute;
            bottom: 100%; /* 在提示框上方显示箭头 */
            left: 50%;
            margin-left: -5px;
            border-width: 5px;
            border-style: solid;
            border-color: #333 transparent transparent transparent;
        }
    </style>
</head>
<body>
    <img src="https://example.com/your-image.jpg" alt="可点击的响应式图片"
        class= "responsive-img" id="responsiveImage">
    <div id="tooltip" class="tooltip">你点击了这张图片！</div>

    <script>
        document.getElementById('responsiveImage').addEventListener('click',
            function(event) {
            var tooltip = document.getElementById('tooltip');
            var imgRect = event.target.getBoundingClientRect();
            tooltip.style.left = (imgRect.left + (imgRect.width - tooltip.offsetWidth)
            / 2) + 'px'; // 居中显示提示框
```

```
        tooltip.style.top = (imgRect.bottom + 10) + 'px';
        // 图片下方10px处显示提示框
        tooltip.style.display = 'block';

        // 隐藏提示框的延迟函数，可根据需要调整时间
        setTimeout(function() {
            tooltip.style.display = 'none';
        }, 2000); // 2秒后隐藏

        // 点击页面其他地方时隐藏提示框
        window.addEventListener('click', function hideTooltip(e) {
            if (!e.target.closest('#responsiveImage')) {
                tooltip.style.display = 'none';
                window.removeEventListener('click', hideTooltip);
                // 避免多次添加事件监听器
            }
        }, { once: true }); // 使用{ once: true }确保事件监听器只触发一次
    });
</script>
</body>
</html>
```

代码说明

1. HTML部分：

- 一个<img>元素，其src属性应替换为您想要展示图片的实际URL。
- 一个<div>元素，作为提示框，初始状态下通过CSS设置"display: none;"以便隐藏。

2. CSS部分：

- body和html设置为全高，并使用Flexbox布局将内容居中对齐。
- .responsive-img类确保图片根据浏览器窗口大小自适应调整，同时设置"cursor: pointer"以指示图片可点击。
- .tooltip类定义了提示框的样式，包括背景颜色、文字颜色、边框圆角、阴影效果以及一个向上的小三角形。

3. JavaScript部分：

- 为图片元素添加了一个点击事件监听器。
- 当图片被点击时，计算提示框的位置以使其相对于图片居中显示，并设置为可见。
- 使用setTimeout函数设置2秒后隐藏提示框。
- 添加了一个一次性的点击事件监听器到window对象，用于在用户点击图片外部时隐藏提示框。这里使用了closest方法来检查点击事件的目标元素是否为图片的后代，同时使用了{ once: true }选项来确保事件监听器只触发一次，避免内存泄漏。

请记得将图片的URL替换为您实际想要使用的图片的URL。此外，您可以根据需要调整提示框的样式和显示时间。

步骤 03 检查生成的代码后，将其复制并粘贴至Dreamweaver中，重新链接图像，如图8-13所示。

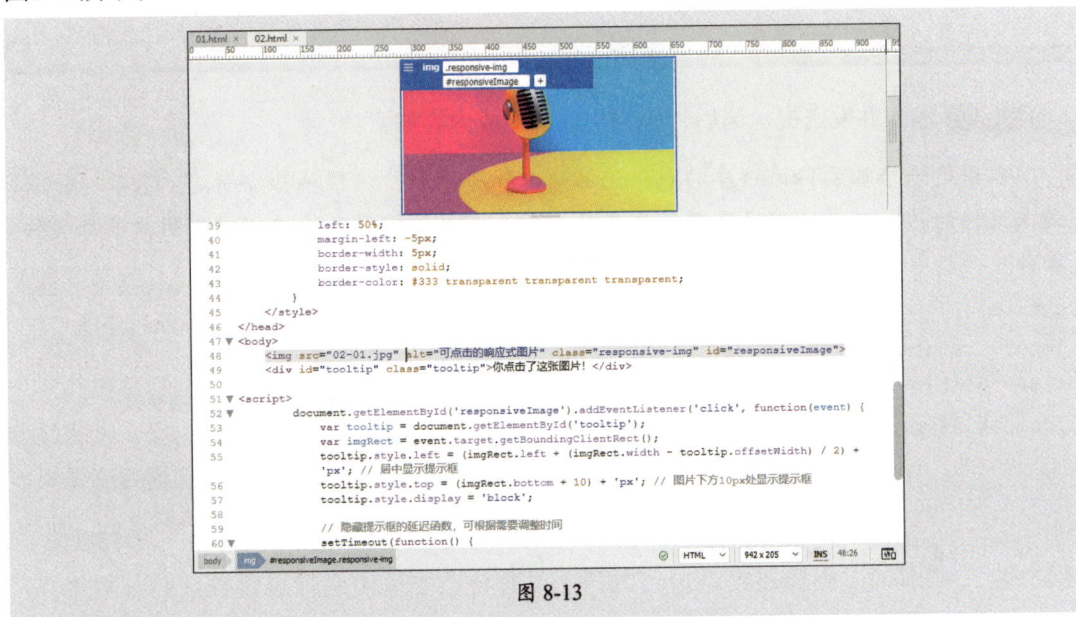

图 8-13

步骤 04 按Ctrl+S组合键保存文档，按F12键在浏览器中预览效果，如图8-14所示。

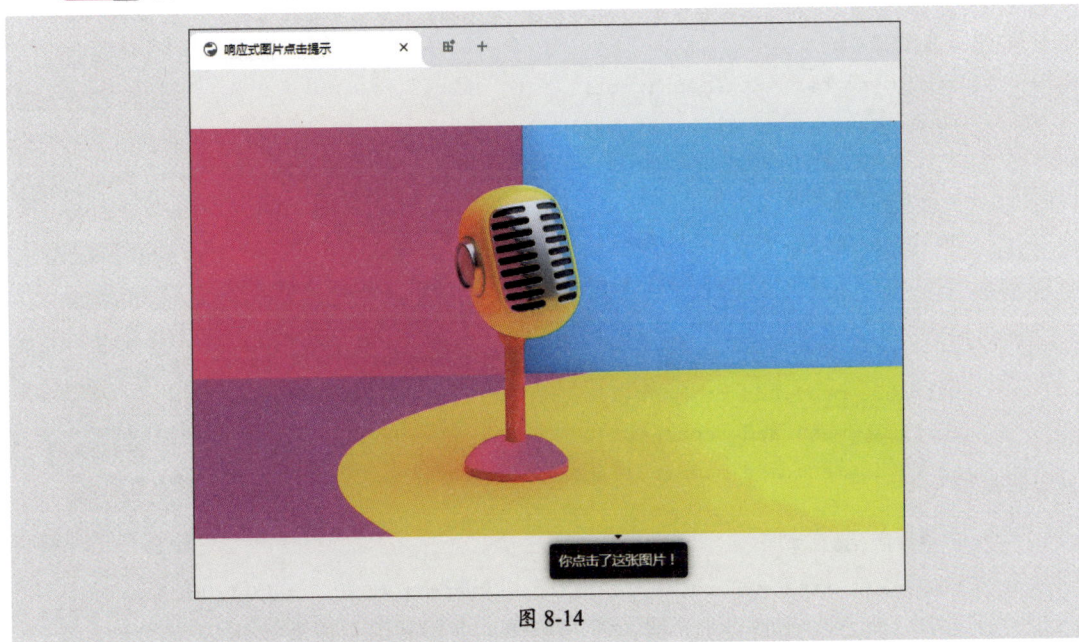

图 8-14

至此，点击图像时显示提示的效果制作完成。

练习3 记事本程序

本案例将使用AIGC工具生成Python代码，以创建记事本程序。

步骤 01 打开文心一言（或其他模型平台），输入以下提示词：

> 我需要使用AIGC生成一个基于Tkinter的Python记事本程序，具有新建、打开、保存文本文件的功能，提供文本编辑区和菜单栏进行文件操作，界面需简洁直观，代码要包含必要注释以便理解和修改。

步骤 02 输入并发送提示词后，等待生成。生成内容如下：

以下是一个基于Tkinter库的Python记事本程序示例，该程序具备新建、打开、保存文本文件的基本功能。程序界面简洁直观，包含文本编辑区和菜单栏以供用户进行文件操作。代码中已添加必要注释，以便理解和修改。

```python
import tkinter as tk
from tkinter import filedialog, messagebox
from tkinter.scrolledtext import ScrolledText


class NotepadApp:
    def __init__(self, root):
        self.root = root
        self.root.title("记事本")
        self.root.geometry("600x400")   # 设置窗口初始大小

        # 创建菜单栏
        self.menu_bar = tk.Menu(root)
        root.config(menu=self.menu_bar)

        # 创建文件菜单项
        self.file_menu = tk.Menu(self.menu_bar, tearoff=0)
        self.menu_bar.add_cascade(label="文件", menu=self.file_menu)
        self.file_menu.add_command(label="新建", command=self.new_file)
        self.file_menu.add_command(label="打开", command=self.open_file)
        self.file_menu.add_command(label="保存", command=self.save_file)
        self.file_menu.add_separator()
        self.file_menu.add_command(label="退出", command=self.quit_app)

        # 创建文本编辑区
        self.text_area = ScrolledText(root, wrap=tk.WORD, undo=True)
        self.text_area.pack(expand=1, fill="both")

        # 初始化文件路径变量
        self.file_path = None

    def new_file(self):
        """新建文件，清空文本编辑区"""
```

```python
        self.text_area.delete(1.0, tk.END)
        self.file_path = None  # 重置文件路径
        self.root.title("记事本 - 新建文件")


    def open_file(self):
        """打开文件，将文件内容加载到文本编辑区"""
        file_path = filedialog.askopenfilename(
            defaultextension=".txt",
            filetypes=[("文本文件", "*.txt"), ("所有文件", "*.*")]
        )
        if file_path:
            try:
                with open(file_path, "r", encoding="utf-8") as file:
                    content = file.read()
                    self.text_area.delete(1.0, tk.END)
                    self.text_area.insert(tk.END, content)
                self.file_path = file_path
                self.root.title(f"记事本 - {self.get_base_name(file_path)}")
            except Exception as e:
                messagebox.showerror("错误", f"无法打开文件：{e}")


    def save_file(self):
        """保存文件，将文本编辑区内容保存到指定文件"""
        if self.file_path:
            try:
                with open(self.file_path, "w", encoding="utf-8") as file:
                    file.write(self.text_area.get(1.0, tk.END))
                    except Exception as e:
                        messagebox.showerror("错误", f"无法保存文件：{e}")
        else:
            self.save_as_file()


    def save_as_file(self):
        """另存为文件，弹出对话框让用户选择保存位置和文件名"""
        file_path = filedialog.asksaveasfilename(
            defaultextension=".txt",
            filetypes=[("文本文件", "*.txt"), ("所有文件", "*.*")]
        )
        if file_path:
            try:
                with open(file_path, "w", encoding="utf-8") as file:
                    file.write(self.text_area.get(1.0, tk.END))
                self.file_path = file_path
```

```
                self.root.title(f"记事本 - {self.get_base_name(file_path)}")
            except Exception as e:
                messagebox.showerror("错误", f"无法保存文件：{e}")

    def quit_app(self):
        """退出应用，询问用户是否保存未保存的文件"""
        if self.text_area.edit_modified():
            response = messagebox.askokcancel("退出", "您有未保存的更改，是否确定退出？")
            if response:
                self.root.quit()
        else:
            self.root.quit()

    def get_base_name(self, file_path):
        """从文件路径中提取文件名（不含扩展名）"""
        return file_path.rsplit("/", 1)[-1].rsplit(".", 1)[0]


if __name__ == "__main__":
    root = tk.Tk()
    app = NotepadApp(root)
    root.mainloop()
```

代码说明

1. 类定义：NotepadApp 类封装了所有GUI组件和文件操作逻辑。

2. 初始化方法：__init__ 方法中创建了Tkinter窗口，设置了窗口标题和大小，并初始化了菜单栏、文本编辑区以及文件路径变量。

3. 文件操作方法如下。

● new_file：新建文件，清空文本编辑区。

● open_file：打开文件，弹出文件选择对话框，将选中文件的内容加载到文本编辑区。

● save_file：保存文件，将文本编辑区的内容保存到当前打开的文件。若未打开文件，则调用save_as_file方法。

● save_as_file：另存为文件，弹出保存文件对话框，让用户选择保存位置和文件名。

● quit_app：退出应用，询问用户是否保存未保存的更改。

4. 辅助方法：get_base_name用于从文件路径中提取文件名（不含扩展名）。

5. 主程序入口：在if __name__=="__main__"块中创建Tkinter窗口实例，并运行应用。

使用说明

● 通过菜单栏的文件选项进行新建、打开、保存和退出操作。

● 新建文件时，文本编辑区将被清空。

● 打开文件时，弹出文件选择对话框，选中文件后，其内容将显示在文本编辑区。

● 保存文件时，若已打开文件，则将其内容保存到该文件；若未打开文件，则弹出

> 保存文件对话框。
> ●退出应用时，若存在未保存的更改，将询问用户是否确定退出。

步骤 03 按Win+R组合键，打开"运行"对话框，输入cmd，打开命令提示符窗口。输入jupyter notebook后按Enter键，保持Jupyter Notebook在命令提示符窗口中运行的状态，系统将自动打开浏览器启动Jupyter Notebook，如图8-15所示。

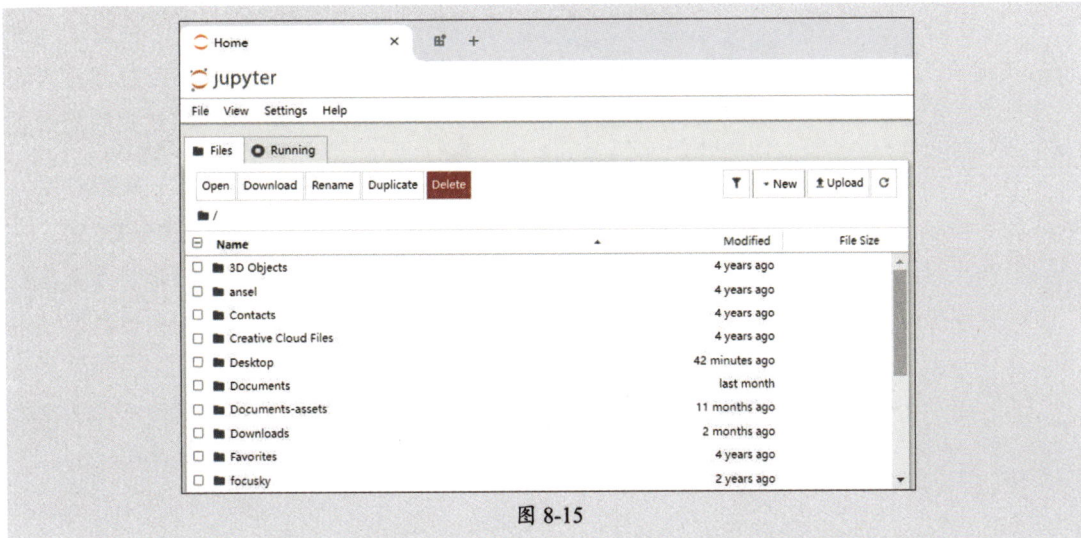

图 8-15

步骤 04 单击右上角的New按钮，在下拉菜单中选择Python 3（ipykernel）命令，创建文件。复制生成的代码至jupyter notebook文档窗口的编辑区，单击▶按钮运行，效果如图8-16所示。

图 8-16

至此，记事本程序制作完成。